水电站气垫式调压室设计

郝元麟　余挺　等　著

·北京·

内 容 提 要

本书系国内首部气垫式调压室设计专著。共分 8 章，系统总结了国内已经建成的多座水电站气垫式调压室的设计研究成果，从工程地质勘察、调压室布置及结构设计、水力计算及稳定分析、设备选择和自动监测系统设计和高压隧道设计等方面，归纳提出了设计的要求、原则和方法，还给出了一些工程应用案例。

本书可供从事水利水电工程气垫式调压室勘测、设计、施工、科研和运行管理的技术人员参考，也可供相关专业的大专院校师生参考。

图书在版编目（CIP）数据

水电站气垫式调压室设计 / 郝元麟，余挺等著. -- 北京 : 中国水利水电出版社，2017.2
ISBN 978-7-5170-5225-8

Ⅰ. ①水… Ⅱ. ①郝… ②余… Ⅲ. ①水力发电站－气垫式调压室 Ⅳ. ①TV732

中国版本图书馆CIP数据核字(2017)第045968号

书　名	**水电站气垫式调压室设计** SHUIDIANZHAN QIDIANSHI TIAOYASHI SHEJI
作　者	郝元麟　余挺 等　著
出版发行	中国水利水电出版社 （北京市海淀区玉渊潭南路 1 号 D 座　100038） 网址：www.waterpub.com.cn E-mail：sales@waterpub.com.cn 电话：（010）68367658（营销中心）
经　售	北京科水图书销售中心（零售） 电话：（010）88383994、63202643、68545874 全国各地新华书店和相关出版物销售网点
排　版	中国水利水电出版社微机排版中心
印　刷	北京纪元彩艺印刷有限公司
规　格	184mm×260mm　16 开本　10.5 印张　194 千字
版　次	2017 年 2 月第 1 版　2017 年 2 月第 1 次印刷
印　数	0001—1500 册
定　价	**60.00** 元

凡购买我社图书，如有缺页、倒页、脱页的，本社营销中心负责调换

前言

我国西部地区山高涧深、河流湍急，水能资源非常丰富，十分有利于开发建设高水头、长引水道的水力发电工程。同时，该地区地势陡峻、植被茂密，施工交通条件普遍较差，引水式电站常规调压井与发电厂房及交通公路的高程差常达几百米，引水隧洞及调压井的施工难度很大。为解决引水隧洞及调压井的施工交通问题，几百米乃至几千米的Z形公路顺山坡布置，存在工程量大、施工难度大及工期长等问题，而且公路施工对周边环境和自然生态往往带来较大的不利影响。

气垫式调压室是一种利用封闭式气室内高压空气形成“气垫”抑制室内水位高度和水位波动幅值的性能优越的水锤和涌波控制设备。在地质条件允许的情况下，水电站选用气垫式调压室可较自由地选择调压室位置，使其尽可能地靠近厂房，更充分地发挥反射水锤波的作用，引水隧洞在纵剖面上的布置更接近于直线。由此可缩短引水隧洞长度，取消或缩短至隧洞沿线特别是至调压室的施工公路，减少工程量和水头损失，改善机组的调保性能，同时降低工程施工对环境的不利影响。

自20世纪30年代以来，气垫式调压室在抽水泵站、工业管网、长距离流体输送管道工程中得到了广泛的应用。在水利水电工程中，50年代开始得到人们的重视和应用。当时，美国在一小型引水式水电站建设中首先提出了气垫式调压室的设计方案，并付诸实施。但由于没有考虑调压室及机组运行稳定性方面的要求，导致系统运行不良，影响了水电站的正常工作，不久就废弃了。日本和德国等国家也曾在50年代对气垫式调压室进行过研究，并提出了一些较为简化的解析计算方法，但至今没有在实际工程中应用。70年代以来，在地质条件较好的挪威，于1973年成功建成了世界上第一座采用气垫式调压室的水电站——Driva水电站。目前，挪威已在10座水电站采用了气垫式调压室，且均运行正常，已积累了一些设计、施工和运行维护等方面的工程经验。

我国对气垫式调压室的研究始于20世纪70年代后期。直到2000年8月，青海省大干沟水电站采用了地面钢包式气垫式调压室并建成运行。与大干沟水电站地面钢包式小型气垫式调压室相比，建于地下岩体内的水电站大型气垫式调压室尚需解决位置设置、体型结构、围岩稳定、水力劈裂、漏气、漏水以及施工和维护等一系列关键技术问题。2001年，中国电建集团成都勘测设计研究院有限公司（以下简称“成都院”）在水电水利规划设计总院的支持下开始启动“水电站气垫式调压室关键技术及应用研究”项目。项目以自一里、小天都、金康水电站为依托工程，在学习借鉴挪威气垫式调压室工程设计、建设经验的基础上，在研究思路、技术路线、基础理论等方面做了大量的调研和探索工作，在气垫式调压室勘测设计方面取得了一系列重要研究成果。这些成果不但已应用于自一里、小天都、金康水电站，还推广应用到了木座、阴坪、龙洞、二瓦槽、民治等水电站中，取得了良好的经济效益，且成为解决高水头引水式水电站建设与周边生态环境保护间矛盾问题的重要技术手段。目前，自一里、小天都、金康、木座、阴坪水电站已正常运行5～10年，标志着我国已全面掌握了在相对复杂地质条件下建造气垫式调压室的勘测、设计、施工及运行监控的全套关键技术。

在上述工程实践取得成功以后，本书的编撰者深感对其经验的推广应用很有必要，在对相关工程设计和研究成果进行系统总结的基础上，完成了本书的编撰。本书由郝元麟和余挺负责组织策划与审定稿，第1章由余挺、陈子海撰写，第2章由张世殊、甘东科、冷鸿斌、陈卫东、施裕兵、李进元、陈春文撰写；第3、6章由陈子海、刘朝清、张团、刘宇、王立海、周小波、曾海钊撰写；第4、5章由刘丁、蒋登云、田迅、孙文彬、陈宏川、郭筱蓉、兰岗、刘晶撰写；第7章由甘东科、陈子海、刘丁、周光明、唐建昌、许明轩、马德林、马行东、徐威、张团、曾海钊、郭筱蓉、兰岗、陈宏川撰写；第8章由余挺、陈子海撰写。

在国内水电站气垫式调压室关键技术研究和工程设计过程中，除本书的编撰人员以外，还有许多成都院的工程技术人员和合作单位的专家都付出了辛勤的劳动，本书也凝结了他们的智慧。在此，谨向他们表示衷心的感谢！

作者

2016年12月

目录

第1章　概　　述

1.1　气垫式调压室的概念与特征

气垫式调压室是一种利用封闭式气室内高压空气形成“气垫”抑制室内水位高度和水位波动幅值的性能优越的水锤和涌波控制设备[1]。其工作原理与常规调压室大致相同，但常规调压室上部与大气相通，室内水面压力始终与大气压相同，因而当电站负荷调整时，水面升降幅度较大，调压室体积也相应较大；而气垫式调压室上部呈封闭状态并充以压缩空气，其液面承受较高压强，当电站丢弃负荷时，随着调压室内水位上升，上部空气被进一步压缩，水面承受的压强继续增高，使水位上升受到的抑制作用越来越强，因而气垫式调压室的水面升幅较小；当电站增加负荷时情况则相反，气垫式调压室水位降幅亦较小。由于气垫式调压室水面升降幅度均较小，其体积也相应比常规调压室小。

1.1.1　气垫式调压室的特点

在地质条件允许的情况下，选用气垫式调压室可较自由地选择调压室位置，使其尽可能地靠近厂房，更充分地发挥反射水锤波的作用，引水隧洞在纵剖面上的布置更接近于直线（图 1.1－1）。由此可缩短引水隧洞长度，取消或缩短至隧洞沿线特别是至调压室的施工公路，减少工程量和水头损失，改善机组的调保性能，同时降低工程施工对环境的不利影响。研究表明，在水电站引水系统中当条件具备时采用气垫式调压室一般具有以下优点：

（1）长高压引水隧洞的埋深相对较大，处于更新鲜完整的岩体内，从而可采用不衬砌隧洞，减少工程量，缩短工期。

（2）长高压引水隧洞采用一坡到底，相对顺直，可缩短引水隧洞长度，减少工程量，减少水头损失。

（3）取消或缩短至引水隧洞沿线特别是至调压室的施工公路，达到降低工程造价、缩短工期的效果。

（4）施工支洞设置高程较低，施工道路短，不需修盘山公路，能减少对地表植被的破坏，有利于环境保护。

（5）气垫式调压室在平面布置上比较灵活，对调压室位置选择有利。

(6) 气垫式调压室可以布置在离厂房较近的地方，对水击波的反射比较有利，调节保证性增加。

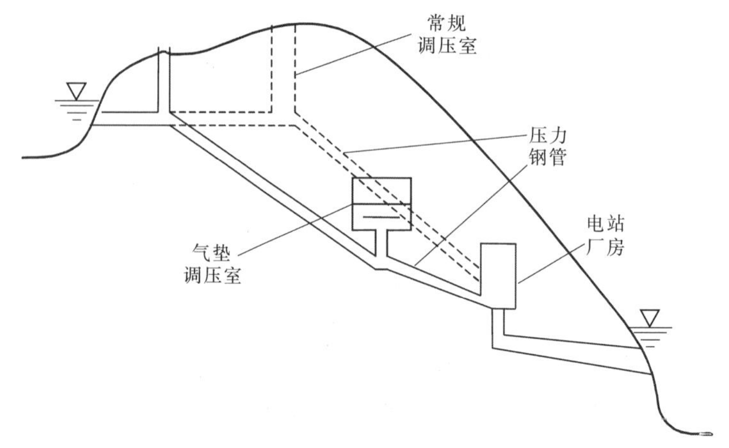

图 1.1-1 气垫式调压室整体布置图

但是气垫式调压室也有一些缺点：

(1) 气垫式调压室对工程地质条件要求较高，在地质勘察工作中，需要深入细致研究山体抗抬稳定性、围岩抗劈裂稳定性、围岩渗透性等问题。

(2) 需增加充、排气设备等费用和运行管理费用，且对工程管理的要求较高。

综上所述，气垫式调压室与常规调压室相比具有若干独特的优越性。对于水头高、引用流量小、引水系统沿线地质条件好的水电站采用气垫式调压室，不仅有利于引水系统周边环境的保护，而且在工程投资、工期方面有一定的经济效益。

1.1.2 气垫式调压室的适用条件

水电站压力水道需设置调压室时，是否采用气垫式调压室方案，需结合地形、地质、工程布置、施工、环境影响、工程量、投资及运行等因素进行技术经济综合比较后确定，对有较高环境要求的高水头中小型水电站可优先选用。

对于下述几种情况，应优先考虑采用气垫式调压室的可行性：

(1) 水头高、引用流量小、引水系统沿线地质条件好的水电站。

(2) 水电站引水隧洞较长，而厂房附近山体较低，不具备修建常规调压室的地形条件。

(3) 虽有修建常规调压室的条件，但地形陡峭，不便于修建至调压室和压力管道的施工道路。

(4) 水电站枢纽工程区有较高环保要求。

(5) 压力引水道特别长，采用气垫式调压室方案与采用常规调压室方案相比，可以大大地缩短引水道的长度，减小水头损失，缩短工期。

1.1.3 气垫式调压室的关键技术

水电站气垫式调压室的关键技术包括以下主要内容：

(1) 根据气垫式调压室区域的地形、地质、施工条件，以及环保要求、机组特性和运行条件等基本资料，研究采用气垫式调压室的可行性和必要性。

(2) 分析勘探及施工期开挖揭示的工程地质和水文地质等条件，确定气垫式调压室位置。

(3) 进行气垫式调压室闭气设计，防止气体渗漏。

(4) 研究气垫式调压室水电站输水发电系统的水力过渡过程，确定气垫式调压室布置方案。

(5) 提出气垫式调压室运行控制要求。

1.2 国内外气垫式调压室研究和建设情况

1.2.1 国外研究和建设情况

自20世纪30年代以来，气垫式调压室在抽水泵站、工业管网、长距离流体输送管道工程中得到了广泛的应用。在水利水电工程中，50年代开始得到人们的重视和应用。当时，美国在一小型引水式水电站建设中首先提出了气垫式调压室的设计方案，并付诸实施。但由于没有考虑调压室及机组运行稳定性方面的要求，导致系统运行不良，影响了水电站的正常工作，不久就废弃了。后经研究表明，出现的系统运行稳定性问题的主要原因是由水轮机调速器引起的，并非因为采用了气垫式调压室。日本和德国等国家也曾在50年代对气垫式调压室进行过研究，并提出了一些较为简化的调保解析计算方法，但至今没有在实际工程中应用。

20世纪70年代以来，地质条件较好的挪威，于1973年成功建成了世界上第一座采用气垫式调压室的水电站——Driva水电站[2]。该电站总装机容量140MW，设计水头570.00m，至今已有40多年的运行经验。挪威最后一座采用气垫式调压室的水电站是Torpa水电站，于1989年投入正常发电运行，其总装机容量150MW，设计水头475.00m。目前，挪威已在10座水电站采用了气垫式调压室，且均运行正常，已积累了一些设计、施工和运行维护等方面的工程经验。另外，美国在80年代后期，在Moose河上建成了一座含气垫式调压室的小型水电站，其总装机容量12.5MW，设计水头37.50m。

挪威已建气垫式调压室的基本情况参见表1.2-1[2]。同时，图1.2-1～图1.2-4分别给出了挪威已建4个典型气垫式调压室的布置情况。从这些水电站气垫式调压室的布置图上，可以看出此类调压室的位置、性状都不拘一格，非常灵活，这也为寻找良好的地质体进行建设带来便利。

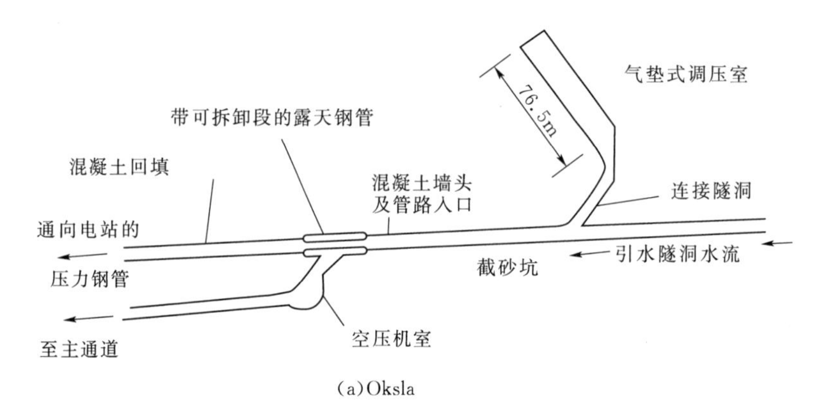

(a)Oksla

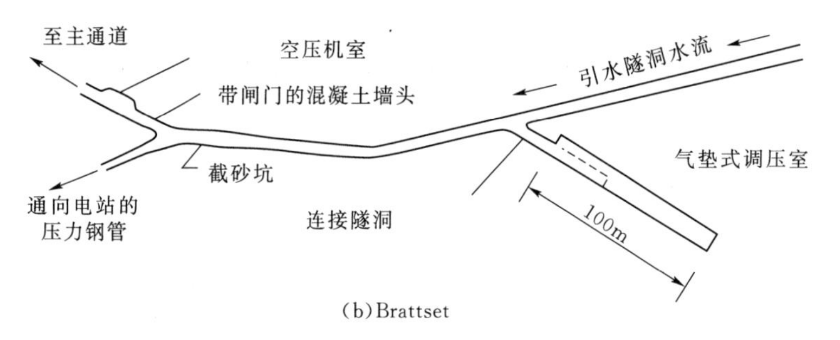

(b)Brattset

图1.2-1　挪威Oksla、Brattset电站气垫式调压室布置图

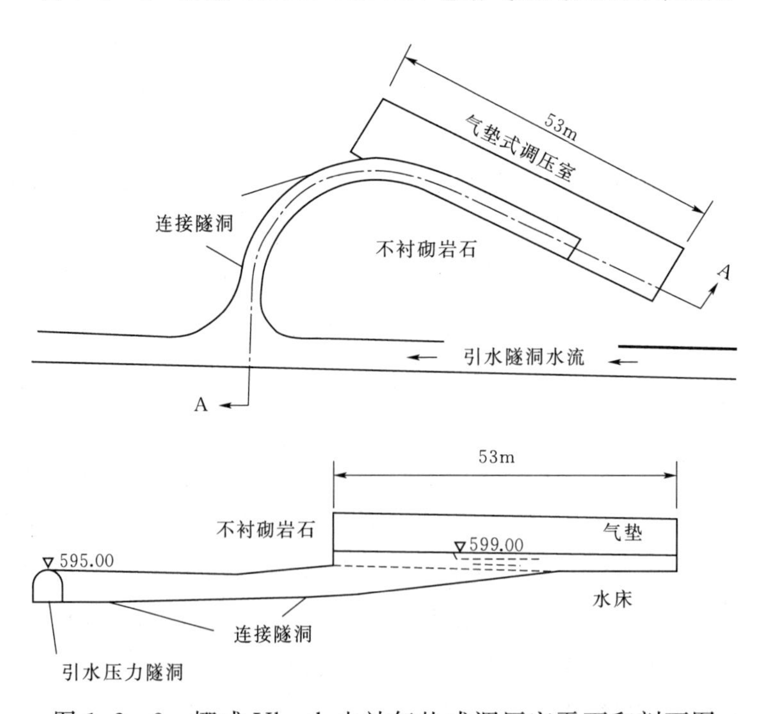

图1.2-2　挪威Ulseth电站气垫式调压室平面和剖面图

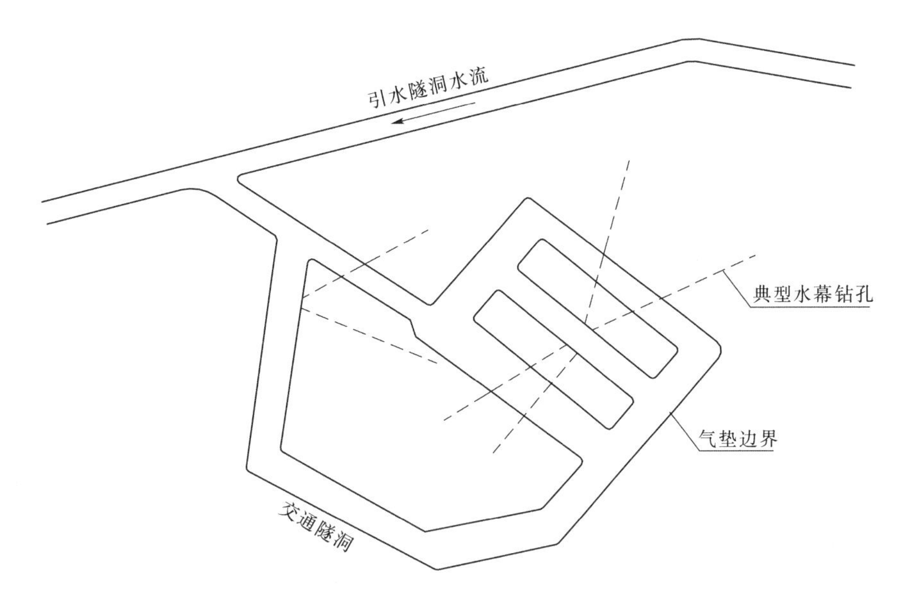

图 1.2-3　挪威 Kvilldal 电站气垫式调压室平面图

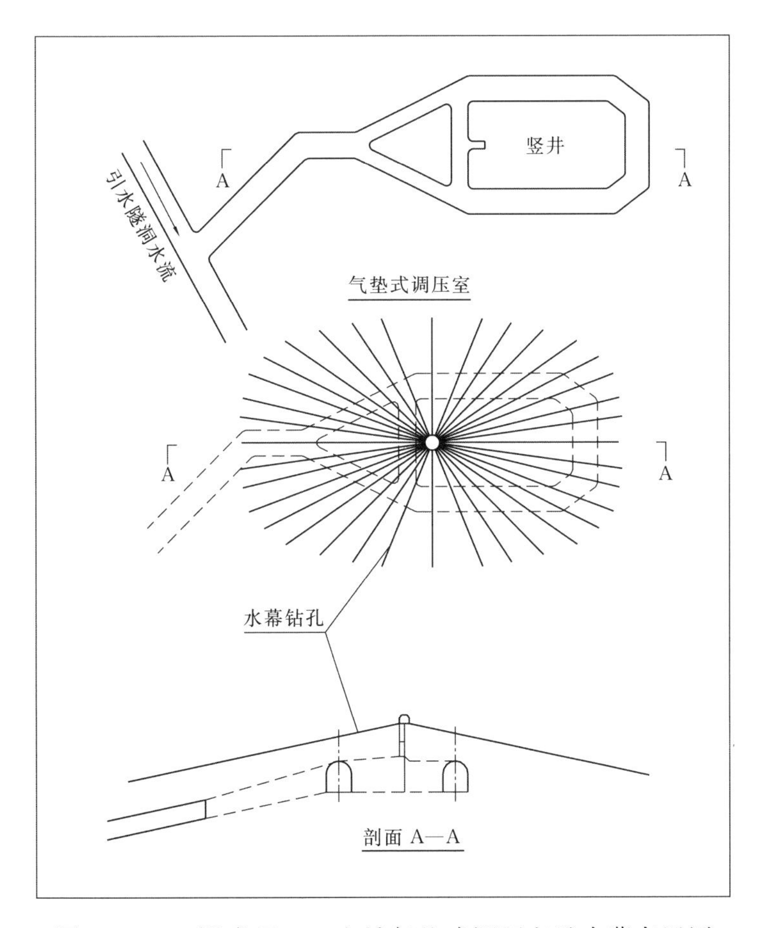

图 1.2-4　挪威 Torpa 电站气垫式调压室及水幕布置图

表 1.2-1　挪威气垫式调压室电站的一般参数和特性表

电站	建成年份	岩石类型	电站装机容量/MW	额定水头/m	洞室断面/m^2	洞室体积/m^3	至水轮机距离/m	连接隧洞长度/m	引水隧洞	
									断面/m^2	长度/m
Driva	1973	条带片麻岩	140	570	111	7350	1300	20	21	**
Jukla	1974	花岗片麻岩	35	180	129	6050	680	40	22	**
Oksla	1980	花岗片麻岩	206	465	235	18000	350	60	45	3580
Sima	1980	花岗片麻岩	500	1158	173	9500	1300	70	33	7390
Osa	1981	片麻状花岗岩	90	205	176	12500	1050	80	40	13000
Kvilldal	1981	混合片麻岩	1240	537	260～370	110000	600	70	135	2800
Tafjord	1982	条带片麻岩	82	897	130	1950	150	50	10	12000
Brattset	1982	千枚岩	80	274	89	8900	400	25	16	**
Ulset	1985	云母片麻岩	37	338	92	4900	360	40	17	**
Torpa	1989	变质粉砂岩	150	475	90	12000	350	70	36	9300

电站	空气体积/m^3	绝对压力/MPa	水床表面面积/m^2	压气机总容量/(Nm^2/h)	空气损失/(Nm^2/h)	岩石渗透系数/(m/s)	气垫压力和天然地下水压力之比	最大气垫水头与最小岩石盖层之比	漏气量/(Nm^3/h)
Driva	2600～3600	4.0～4.2	820	450	1.3	无	0.6～0.7	0.5	0
Jukla	1500～5300	0.6～2.4	560	180	0.1～0.4	1×10^{-10}	0.2～0.7	0.7	0
Oksla	11700～12500	3.5～4.4	1340	290	4.7	3×10^{-11}	1.0～1.2	1.0	< 5
Sima	4700～6600	3.4～4.8	810	270	1.0～2.3	3×10^{-11}	0.8～1.2	1.1	< 2
Osa	10000	1.8～1.9	1000	2320	900/80^{+}	5×10^{-8}	1.3	1.3	00/70**
Kvilldal	70000～80000	3.7～4.1	5200	500	250/10^{+}	2×10^{-9}	> 1.0	0.8	240/0***
Tafjord	1200	6.5～7.7	210	260	200/200^{+}	3×10^{-9}	1.8～2.1	1.8	150/0***
Brattset	5000～7000	2.3～2.5	1000	700	13.4	2×10^{-10}	1.5～1.6	1.6	11
Ulset	3200～3700	2.3～2.8	530	360	1.2	无	1.0～1.2	1.1	0
Torpa	10000	3.8～4.4	1650	470	≈1	5×10^{-9}	1.7～2.0	2.0	400/0***

注　+　修补前后；
**　灌浆前或灌浆后；
***　运行中有或无水幕。

挪威的引水式水电站不衬砌气垫式调压室的设计和运行情况代表了当今国外气垫式调压室的最新发展水平。挪威的工程经验认为：气垫式调压室是替代传统开敞式调压井的一个经济实用的方案，这种调压室与常规调压井一样能够满足水电站调压需求，在设计过程中的水力计算应遵照与常规调压井相同的设计原理，结构设计应按照与其他岩石洞室相同的基本准则进行；但因地质条件的差异，透过岩体的气体渗漏是设计和修建气垫式调压室时所遇到的主要问题，即防止漏气是气垫式调压室设计和施工过程中所要考虑的主要问题，但是这均可通过灌浆和设置水幕等方法予以解决。

1.2.2 国内研究和建设情况

我国对气垫式调压室的研究始于20世纪70年代后期，当时华东电管局委托河海大学对太湖抽水蓄能电站采用气垫式调压室方案进行过可行性研究，主要研究了气垫式调压室的稳定性和水力过渡过程计算方法，提出了水位波动过程计算的解析法、图解法和电算法。此后，我国有关科研院校及设计院结合部分工程进行过引水式水电站气垫式调压室的研究工作，并对挪威采用气垫式调压室的工程进行了实地考察，收集、整理和分析了工程的相关资料，在大波动过渡过程计算和小波动稳定性分析等方面继续进行了研究。先后结合响洪甸抽水蓄能电站、广州抽水蓄能电站（一期）、锦屏二级水电站、龙滩水电站等工程的可行性研究，对设置气垫式调压室方案进行过论证分析，但因尚未掌握该项技术，最终均未能付诸实施。

2000年8月，青海省大干沟水电站采用了钢包式气垫式调压室并建成运行，河海大学受业主单位的委托对该电站地面钢包式气垫调压室进行了数值模拟分析、整体水工模型试验、结构有限元计算分析及工程原型观测资料分析等研究。该电站自正式建成投产以来，地面钢包式气垫式调压室运行稳定、性能良好、维护简便。但大干沟水电站的地面钢包式小型气垫式调压室与建于地下岩体内的大型气垫式调压室相比，除其运行中的水力学原理及设计中水力计算方法相似外，由于其结构型式为地面钢包式，所以不存在地下大型气垫式调压室必须解决的位置设置、体型结构、围岩稳定、水力劈裂、漏气、漏水以及施工和维护等一系列关键技术问题。大干沟水电站气室竖立于地面，为顶端封闭的圆筒式结构，内径10m，净高14m，底部设有直径2.5m的阻抗孔与高压钢管相连。大干沟水电站“钢包”气垫式调压室是钢筋混凝土衬砌承担所有的内压和外压，最大气室气压0.7MPa；内衬钢板起到闭气的作用。大体积的“钢包”所能承担的内压和外压较小，“钢包”气垫式调压室设置高程与库水位间的高差不能过大，否则“钢包”无法承担水位差造成的内压。大干沟水电站最高运行水位3341.40m，“钢包”气垫式调压室顶高程3316.00m，两者高程差为25.40m。“钢包”气垫式调压室设置高程较高，相应节省的调压室、引水隧洞施工公路较短，经济和环保效益不突出。因此，“钢包”气垫式调压室推广的范围有限。大干沟水电站气垫式调压室剖面如图1.2-5所示。[3]

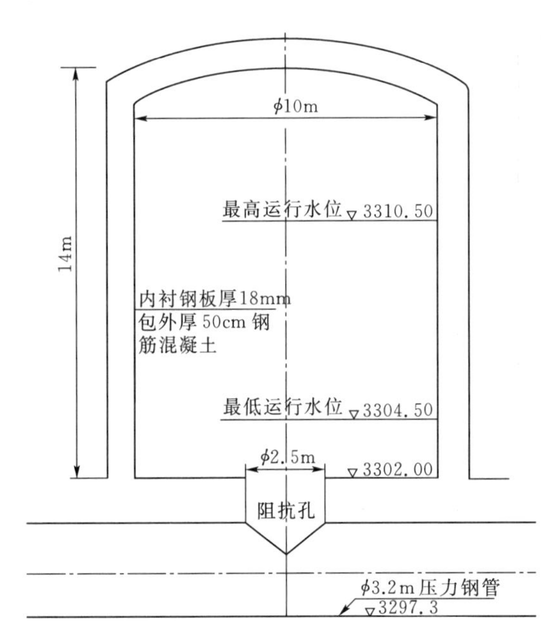

图1.2-5　大干沟水电站气垫式调压室剖面图

2001年，成都院在水电水利规划设计总院的支持下开始启动“水电站气垫式调压室关键技术及应用研究”项目，得到了原国家电力公司的立项支持。项目负责单位为成都院，参加单位有水电水利规划设计总院、河海大学和华能四川水电有限公司等。项目以自一里、小天都、金康水电站为依托工程，在学习借鉴挪威气垫式调压室工程设计、建设经验的基础上，在研究思路、技术路线、基础理论等方面做了大量的调研和探索工作，经地质、水工、施工、机电等各专业工程技术人员和高校科研人员的协作攻关，在围岩工程地质勘察评价、水力计算及稳定性分析、调压室布置及结构设计、高压隧洞设计、自动监控系统及相关设备选择设计等方面取得了一系列重要研究成果。这些成果不但已应用于自一里、小天都、金康工程，还推广应用到了木座、阴坪、龙洞、二瓦槽、民治等工程中，并已成为协调高水头引水式水电站建设与周边生态环境保护问题的关键工程技术。目前，自一里、小天都、金康、木座、阴坪水电站作为本项目研究成果的应用工程，已正常运行多年，标志着我国已全面掌握了在相对复杂地质条件下建造气垫式调压室的勘测、设计、施工及运行监控的全套关键技术[3]。

2010年10月，中国水电顾问集团公司发布由成都院主编的《水电站气垫式调压室设计规范》(Q/HYDROCHINA007—2010)。

2016年，国家能源局发布了由成都院主编的《水电站气垫式调压室设计规范》(NB/T 35080—2016)。

目前，成都院设计的气垫式调压室建成的有自一里、小天都、金康、木座和阴坪5个水电站，在建的有民治和龙洞水电站，拟建的有二瓦槽等水电站。各气垫式调压室的一般参数和特性见表1.2-2。

表 1.2-2　我国已建、在建和拟建气垫式调压室电站的一般参数和特性表

电站	建成年份	岩石类型	装机容量/MW	设计水头/m	引水隧洞		气室断面/m²	气室长/m	至水轮机距离/m	连接隧洞长度/m	岩石渗透系数/(m/s)	气垫压力和天然地下水压力之比
					断面/m²	长度/m						
自一里	2004	二云母花岗岩（含捕虏体）	130	445.00	19	9500	139.00	112.0	450	14.40	$10^{-4}\sim10^{-5}$	0.81
小天都	2005	斜长花岗岩	240	358.00	33	5987	176.88	125.0	488	20.65	$10^{-4}\sim10^{-5}$	0.48
金康	2007	晋宁—澄江期石英闪长岩	150	458.00	18	16302	155.82	80.0	655	20.45	$10^{-3}\sim10^{-4}$	0.54
木座	2007	浅变质岩	100	263.00	26	12000	178.08	69.6	330	15.00	$10^{-4}\sim10^{-5}$	0.6～0.6
阴坪	2009	二云母花岗岩	100	247.00	30	8950	172.78	98.6	282	28.92	$10^{-4}\sim10^{-7}$	0.6～0.8
民治	在建	片岩、花岗岩	105	246.00	25	7882	209.00	100.0	187	20.00		
龙洞	在建	斜长花岗岩	165	270.00	20	5375	155.82	140.0	236	19.20		
二瓦槽	拟建	厚层块状石英岩	90	309.00	20	11420	160.00	70.0	680	35.00		

电站	最大气垫水头与最小岩石覆盖厚度之比	临界稳定体积/m³	采用稳定体积/m³	稳定体积安全系数	设计气压/MPa	最大气压/MPa	最小气压/MPa	水幕压力/MPa	首次充气空压机总容量/(Nm²/min)	补气空压机总容量/(Nm²/min)	漏气量/(Nm³/h)
自一里	1.49	2601	9998	3.84	3.23	3.80	2.92	3.80	15×2	3×3	400
小天都	1.28	11163	18300	1.64	3.77	4.44	3.35	4.25	16×2+12	5×2	1000
金康	1.51	5826	8506	1.46	4.65	5.56	3.97		16×2+12	4×2	90
木座	1.08	6720	8872	1.32	2.90	3.62	2.45		15×2	3×2	12
阴坪	1.34	9800	11662	1.19	2.47	3.04	2.07		15×2	5.16×2	24
民治	1.20	8437	10747	1.27	2.38	2.96	2.00		10×2	3×3	
龙洞	1.32	8630	12234	1.42	2.69	3.36	2.32		18×2	3.5×2	
二瓦槽	1.13	4313	7332	1.70	3.075	3.71	2.62		10×2	3×3	

第2章 工程地质勘察

2.1 关键工程地质问题及勘察任务

2.1.1 关键工程地质问题

气垫式调压室是指利用气室（充满水和压缩空气的封闭式腔体）内的压缩空气（即“气垫”）抑制室内水位高度和水位波动幅值的一种新型调压室。与常规调压室相比，由于其高程降低至厂房高程附近，引水线路一坡到底，引水线路相对较短，减少了常规调压室和引水线路等部位上山的施工公路，具环保效益和经济效益。并且，从挪威和我国已建气垫式调压室布置情况来看，其位置、形状一般不拘一格，非常灵活，对调压室的位置选择比较有利。

气垫式调压室工作原理与常规调压室大致相同，但常规调压室上部与大气相通，室内水面压力始终与大气压相同；而气垫式调压室，上部呈封闭状态并充以压缩空气，工作气压一般都很高，如挪威几个气垫式调压室绝对压力一般为 1.5～7.5MPa，我国自一里、小天都、金康等已建气垫式调压室设计压力一般为 2.5～4.5MPa。这就对气室围岩质量、闭水、闭气能力有更高的要求。

为更好地适应我国地质条件较复杂，岩体天然渗透性一般较大的特点，我国已建的金康、木座、阴坪等气垫式调压室工程创造性地采用了罩式（钢罩）闭气的防渗型式。这种防渗型式主要是依靠夹在钢筋混凝土中的一层薄钢板达到闭水闭气的目的。相较于围岩闭气和水幕闭气，罩式闭气可适当降低工程对围岩质量和渗透性的要求。

如前所述，气垫式调压室围岩由于需承受高内水压力和内气压力，对岩体质量、闭水闭气能力要求较高，因此在勘察过程中，不仅需要对围岩塌方、岩爆、突水、地温地热异常、有害气体等地下洞室常规不良工程地质问题进行研究，还需要重点对岩体质量及成洞条件、山体抗抬稳定问题、围岩抗劈裂稳定问题和围岩抗渗稳定问题进行充分细致的研究和评价。

（1）岩体质量及成洞条件。气垫式调压室一般采用不衬砌或锚喷支护，这就要求围岩具较好的成洞条件和稳定条件，有足够强度以承受高内水压力和内气压力，不会因内水压力和内气压力过高而致使围岩变形及渗漏。采用围岩闭气或水幕闭气时，一般要求围岩饱和单轴抗压强度宜在60MPa以上，无大的断层和软弱结构面分布，岩体完整—较完整，围岩类别以不低于Ⅱ类为主。采用罩式闭气时，围岩质量条件可适当降低，围岩宜为中硬岩或坚硬岩，以不低于Ⅲ类的较完整的岩体为主。

（2）山体抗抬稳定问题。气垫式调压室作为一种高压洞室，气室所处山体应雄厚、完整，并有足够的埋深，岩体不能因内水压力和内气压力过高致使山体产生上抬破坏。目前国内外大多采用埋深经验来评价山体抗抬稳定性问题，即其最小上覆岩体重力应大于气室设计压力和最大气压，并有一定安全系数。

（3）围岩抗劈裂稳定问题。气垫式调压室围岩在高内水压力和内气压力作用下，可能产生水力劈裂破坏或气压劈裂破坏，不仅直接影响围岩的稳定性，而且因裂隙张开、贯通，可能造成不能容许的渗漏。这种抗劈裂能力实质上就是要求岩体不连续面的法向应力必须大于水压力或气压力。埋深条件为经验准则，仅考虑岩石重力，实际上许多情况下还存在相当大的构造应力和残余应力。目前，对围岩整体抗劈裂稳定性评价，一般采用最小主应力条件准则，即岩体中的最小主应力应大于调压室内产生的最大气压，并有一定安全系数。对主要结构面尚需直接进行水力劈裂试验评价其抗劈裂能力。

（4）围岩抗渗稳定问题。气垫式调压室岩体与主要结构面在高压状态下的渗透性，是确定气垫式调压室围岩漏水、漏气量的重要指标，当围岩漏水、漏气量较大时，将直接增加运行费用，甚至影响调压室的正常运行。气垫式调压室应尽量布置在岩体渗透性微弱，裂隙不发育或闭合、连通性差的洞段，并宜有较高天然地下水位。采用围岩闭气和水幕闭气时，经防渗处理的岩体高压透水率一般应分别控制在小于0.1Lu和1.0Lu。采用罩式闭气时，可适当降低对岩体透水率的要求，但也宜小于5.0Lu。对小断层、挤压带、张开的节理以及裂隙集度带等主要渗漏通道，应采取高压固结灌浆或裂隙灌浆，以确保岩体的抗渗性。

2.1.2 各阶段勘察任务

气垫式调压室工程地质勘察的主要任务是查明布置区的地形地貌、地层岩性、岩质特性、岩体结构类型、风化卸荷特征、地下水、岩体渗透性、地应力状态、岩体物理力学特性等工程地质条件，评价岩体质量及成洞条件、山体抗抬稳定性、围岩抗劈裂稳定性和抗渗透稳定性，为气垫式调压室位置、洞轴线、布置型式、气室防渗类型选择与设计和围岩处理措施研究等提供依据。

气垫式调压室地质勘察一般分阶段进行，各阶段地质勘察工作既要循序渐进，逐步深入，又要与相应设计阶段深度相适应。由于需考虑与引水线路和厂房布置的协调性，并且受勘察周期的影响，其阶段性不像坝址和厂址区勘察工作那么相对明确，往往晚于厂址和坝址区的勘察。

各阶段地质勘察主要任务如下：

(1) 预可行性研究阶段。初步查明气垫式调压室布置区的水文地质、工程地质条件，分析主要工程地质问题，进行气垫式调压室方案与常规调压室方案的工程地质条件比选，结合引水发电系统工程地质勘察资料和厂区水工建筑物枢纽总体布置要求，分析判断布置气垫式调压室的适宜性，并结合埋深条件初步选择气垫式调压室布置位置。

有条件时，开展勘探和试验工作。无条件时，可结合厂址区已有的试验和测试成果，类比分析围岩物理力学性质、岩体地应力状态、岩体渗透性等。进行围岩工程地质初步分类，工程类比各类围岩的物理力学参数建议值。初步评价岩体质量及成洞条件、山体抗抬稳定性、围岩抗劈裂稳定性和围岩抗渗稳定性，提出支护设计和防渗型式建议。

(2) 可行性研究阶段。查明气垫式调压室布置区的水文地质、工程地质条件，分析主要工程地质问题，配合设计，综合地形、地质、工程布置、施工、投资及运行等因素进行技术经济综合比较并推荐气垫式调压室位置、轴线、洞型和防渗型式。

开展勘探、围岩物理力学性质试验，查明岩质特性、岩体结构（结构面发育特征、岩体结构类型）、地下水和岩体应力状态等影响围岩稳定性的地质因素，进行围岩工程地质详细分类，提出各类围岩的物理力学参数建议值；开展现场岩体地应力测试（一般宜采用水压致裂法），查明岩体初始地应力量级、方向和空间分布状态；开展钻孔高压压水试验和水力劈裂试验，查明岩体和主要结构面在高压状态下的渗透和渗透变形特性，并进行渗透性分区。评价气室区岩体质量及成洞条件、山体抗抬稳定性、围岩抗劈裂稳定性和抗渗稳定性，为围岩支护设计和防渗设计提供地质依据。

(3) 招标与施工详图设计阶段。在招标设计阶段进一步加深对气垫式调压室的工程地质勘察和研究，优化气垫式调压室布置位置、轴线、布置型式以及防渗设计方案，复核其工程地质条件，对选定气垫式调压室方案的围岩稳定性、抗抬、抗劈裂稳定性和岩体渗透性进行评价，提出优化调整和处理措施建议。

施工开挖过程中，根据施工开挖揭示的地质条件复核前期地质结论，及时进行地质预测预报和施工地质编录，核定围岩工程地质分类及其物理力学性质参数。参加围岩稳定支护处理和防渗处理研究，配合设计根据检测和监测成果对处理效果作出评价。根据施工开挖揭示的围岩工程地质条件和稳定状态，提出围岩变形和渗漏监测的意见和建议。

2.2 工程地质勘察内容

气垫式调压室地质勘察内容包括基本地质条件勘察和围岩工程地质特性勘察。在此基础上，需重点查明气室埋深和上覆岩体厚度、岩体初始地应力量级和方向、岩体在高压状态下的渗透和渗透变形特性。

2.2.1 基本地质条件勘察内容

（1）地形地貌勘察。

1）查明气垫式调压室布置区地貌形态和成因类型，分析其与岩性、地质构造和新构造运动的关系。

2）查明气垫式调压室布置区地形地貌特征、沟谷分布、切割深度及山体完整程度，研究调压室上部及侧向埋深及对调压室的影响。

（2）地层岩性勘察。

1）查明气垫式调压室布置区的地层岩性及不同岩性在洞室区的分布。

2）对岩浆岩，查明其矿物成分、结构、原生构造和岩相特征；侵入岩体和岩脉的产出形态、分布规模，与围岩的接触关系，接触带的蚀变特征；喷出岩流动构造及分带，喷发旋回，与上，下地层的接触关系。对岩浆岩的蚀变、喷发间断、岩脉及其接触程度等，应重点勘察。

3）对沉积岩，查明其矿物成分、胶结程度、结构、构造特征、岩性岩相变化，沉积韵律特征、建造类型、地层接触关系。对软弱岩层、可溶岩类、煤系地层、膨胀盐类、易溶盐岩类等，应重点勘察。沉积岩的单层厚度划分符合表 2.2－1。

表 2.2－1　　层状岩层单层厚度划分

单层厚度/m	划分描述
＞2.00	巨厚层
2.00～0.60	厚层
0.60～0.20	中厚层
0.20～0.06	薄层
＜0.06	极薄层

4）对变质岩，查明其矿物成分、结构、构造、变质程度及其变质作用类型。对千枚岩、板岩、片岩等软弱岩层应重点勘察。

5）按岩石的类型、岩质特征、结构特征、成层组合条件以及岩石物理力学特性等因素划分气垫式调压室布置区的工程地质岩组。岩组划分详细程度与工程地质测绘比例尺相适应。必要时，对软弱夹层、膨胀岩、易溶盐岩、喀斯特岩层、有害气体及放射性矿物赋存的岩层等，可以放大比例尺表示。

6）查明洞室区上覆第四系地层的物质组成、结构、厚度及成因类型。

（3）地质构造勘察。

1）查明工程区所处大地构造部位，外围主要褶皱与断裂构造的分布和规模。

2）查明褶皱的形态特征、规模及展布，分析其对气垫式调压室布置的影响。

3）查明近场或场址区断层的分布、产状、破碎带及影响带宽度与构造岩组成，按产状对断层进行分组，按规模对断层进行分级，按性状对断层进行分类。岩体结构面分级见表2.2-2。

表2.2-2　岩体结构面分级

级别	规模	
	破碎带宽度/m	破碎带延伸长度/m
Ⅰ	>10.0	>10000区域性断裂
Ⅱ	1.0～10.0	1000～10000
Ⅲ	0.1～1.0	100～1000
Ⅳ	<0.1	<100
Ⅴ	节理裂隙、层面、片理、劈理等	

4）对气垫式调压室洞室群围岩稳定性有重要影响的断层，应予重点勘察。必要时，研究断层的活动性及其对工程的影响。

5）进行结构面调查及分组。查明气垫式调压室布置区结构面的发育规律、产状、长度、间距、性状等。按结构面发育规模分级，洞室布置应避开规模大的Ⅰ级结构面——区域性断裂带及活断层，也应尽量避开Ⅱ级结构面。不同级别结构面应按其产状进行分组。

6）进行结构面分类。对不同级别结构面按其性状分类，研究不同类型结构面的工程地质特性，尤其应注意研究控制围岩稳定性的软弱结构面。

7）建立岩体结构模型。根据勘探资料和结构面调查统计资料，建立岩体结构三维模型，主要包括Ⅳ级及以上结构面的确定性模型，Ⅴ级结构面的概化模型等，为围岩分类及围岩稳定性分析评价提供依据。

（4）物理地质现象勘察。

1）查明岩体风化程度及深度，各风化带在洞室进、出口及浅埋洞段的分布、厚度及其特性，以及不同风化带岩石的强度特性和岩体的完整程度，评价其对洞口边坡及围岩稳定性的影响。岩体风化带的划分见表2.2-3。

表2.2-3　　岩体风化带划分

<table>
<tr><th>风化带</th><th>主要地质特征</th><th>风化岩纵波速与新鲜岩纵波速之比</th></tr>
<tr><td>全风化</td><td>1. 全部变色、光泽消失；
2. 岩石的组织结构完全破坏，已崩解和分解成松散的土状或砂状，有很大的体积变化，但未移动，仍残留有原始结构痕迹；
3. 除石英颗粒外，其余矿物大部分风化蚀变为次生矿物；
4. 锤击有松软感，出现凹坑，矿物手可捏碎，用锹可以挖动</td><td>＜0.4</td></tr>
<tr><td>强风化</td><td>1. 大部分变色，只有局部岩块保持原有颜色；
2. 岩石的组织结构大部分已破坏；小部分岩石已分解或崩解成土，大部分岩石呈不连续的骨架或心石，风化裂隙发育，有时含大量次生夹泥；
3. 除石英外，长石、云母和铁镁矿物已风化蚀变；
4. 锤击哑声，岩石大部分变酥，易碎，用镐撬可以挖动，坚硬部分需爆破</td><td>0.4～0.6</td></tr>
<tr><td>弱风化
（中等风化）</td><td>1. 岩石表面或裂隙面大部分变色，但断口仍保持新鲜岩石色泽；
2. 岩石原始组织结构清楚完整，但风化裂隙发育，裂隙壁风化剧烈；
3. 沿裂隙铁镁矿物氧化锈蚀，长石变得浑浊、模糊不清；
4. 锤击发音较清脆，开挖需用爆破</td><td>0.6～0.8</td></tr>
<tr><td>微风化</td><td>1. 岩石表面或裂隙面有轻微褪色；
2. 岩石组织结构无变化，保持原始完整结构；
3. 大部分裂隙闭合或钙质薄膜充填，仅沿大裂隙有风化蚀变现象，或有锈膜蚀变；
4. 锤击发音清脆，开挖需用爆破</td><td rowspan="2">0.8～1.0</td></tr>
<tr><td>新鲜</td><td>1. 保持新鲜色泽，仅大的裂隙面偶见褪色；
2. 裂隙面紧密，完整或焊接充填，仅个别裂隙面有锈膜浸软或轻微蚀变；
3. 锤击发音清脆，开挖需用爆破</td></tr>
</table>

2）查明岩体卸荷带特征及分布深度。岩体卸荷带的划分见表2.2-4。

表 2.2-4　岩体卸荷带划分

卸荷带	主要地质特征
强卸荷	卸荷裂隙发育较密集，普遍张开，一般开度为几厘米至几十厘米； 多充填次生泥及岩屑、岩块，有架空现象，部分可见松动或变形； 卸荷裂隙多岩原有结构面张开，岩体多呈整体松弛
弱卸荷	卸荷裂隙发育较稀疏，开度一般为几毫米至几厘米； 部分次生泥充填，卸荷裂隙分布不均匀，常呈间隔带状发育； 卸荷裂隙多沿原有结构面张开，岩体部分松弛
深卸荷	深部裂缝松弛段与相对完整段相间出现，呈带发育，张开宽度几毫米至几十厘米不等； 一般无充填，少数夹泥； 岩体弹性波纵波速变化较大

3）查明边坡变形破坏类型（包括崩塌、滑坡、蠕变等）、特征、变形破坏机制及其对洞口边坡与浅埋洞段稳定性的影响。

4）查明泥石流的分布与类型、规模、流域特征、形成条件，研究泥石流的发育历史，预测发展趋势，分析对进出口的影响。

4）查明采空区的分布、形态、规模、地面和地下变形破坏特征，分析其对围岩稳定的影响。

5）在严寒地区和部分高原地区还应勘察冻融岩屑流、冻融泥石流等的分布、规模、特征，分析其对进出口和浅埋洞段的影响。

（5）水文地质条件勘察。

1）查明洞室区地下水的基本类型、水位、水压、水量、水温和水化学成分，岩体的含水性和透水性，划分含水层与相对隔水层，并结合地下水的露头（泉），分析各含水层的补给、径流与排泄条件，划分水文地质单元。

2）重点查明洞室可能通过的向斜轴部、断层破碎带及其交汇部位、节理裂隙密集带等部位的汇水条件和透水条件。

3）对于可溶岩地区，查明喀斯特的发育规律，主要喀斯特洞穴的发育位置、规模、充填情况和富水性。

4）在水文地质条件勘察基础上，预测掘进时发生突水、突泥的可能性，估算最大涌水量和稳定涌水量，评价对工程的危害程度，并提出处理措施的建议。

5）根据洞室上覆岩体的透水性及地下水活动状态，用对地下水进行折减的方法估算外水压力。或利用埋设的渗压计，直接测定外水压力。外水压力折减系数可参见表 2.2-5。

表 2.2-5 外水压力折减系数表

级别	地下水活动状态	地下水对围岩稳定的影响	折减系数
Ⅰ	洞壁干燥或潮湿	无影响	0～0.20
Ⅱ	沿结构面有渗水或滴水	软化结构面的充填物质，降低结构面的抗剪强度。软化软弱岩体	0.10～0.40
Ⅲ	严重滴水，沿软弱结构面有大量滴水、线状流水或喷水	泥化软弱结构面的充填物质，降低其抗剪强度，对中硬岩体发生软化作用	0.25～0.60
Ⅳ	严重滴水，沿软弱结构面有小量涌水	地下水冲刷结构面中的充填物质，加速岩体风化，对断层等软弱带软化泥化，并使其膨胀崩解及产生机械管涌。有渗透压力，能鼓开较薄的软弱层	0.40～0.80
Ⅴ	严重股状流水，断层等软弱带有大量涌水	地下水冲刷带出结构面中的充填物质，分离岩体，有渗透压力，能鼓开一定厚度的断层等软弱带，并导致围岩塌方	0.65～1.00

注 在喀斯特暗河、洞穴与地表水连通良好时，其折减系数取0.80～1.00。

6）查明地下水的物理性质和化学成分，评价其腐蚀性。

7）进行地下水位、水量、水温及水质等的长期观测，观测时间不少于1个水文年。

2.2.2 围岩工程地质特性勘察内容

（1）围岩物理力学性质勘察。

1）进行岩石物理力学特性试验，查明岩石的密度、饱和单轴抗压强度、点荷载强度、弹性模量、泊松比、声波值等。

2）进行岩体力学特性试验，查明岩体的弹性（变形）模量、抗剪强度、波速值等。必要时，测试研究围岩的单位弹性抗力系数。

3）进行结构面特性试验，查明结构面的抗剪（断）强度，软弱结构面、软弱夹层的变形和渗透变形参数等。

4）对于软质岩，查明其天然含水率、密度、崩解性指数和自由膨胀率等，必要时进行流变特性测试研究。

5）对于膨胀岩，查明其矿物成分、化学成分、阳离子交换量、饱和吸水率、膨胀率、自由膨胀率、膨胀力等。

6）对于易溶盐岩类，查明其在有压流水作用下的溶解性、溶蚀速度、溶陷量、盐胀性及其对混凝土和金属结构的腐蚀性。

7）确定围岩坚固性系数、围岩单位弹性抗力系数和围岩强度应力比。

围岩坚固系数可根据围岩类别和已建工程类比确定。也可按下式估算。

$$f = a\frac{R_b}{10} \tag{2.2-1}$$

式中：f 为围岩坚固系数；R_b 为岩石饱和单轴抗压强度，MPa；a 为修正系数，小于或等于1，与围岩强度、完整性有关。

围岩单位弹性抗力系数可根据围岩类别和已建工程类比确定。必要时，在专门试验洞内，采用径向液压枕法或水压法直接测试。也可按下式估算。

$$K_0 = \frac{E}{(1+\mu)\times 100} \tag{2.2-2}$$

式中：K_0 为围岩的单位弹性抗力系数，MPa/cm；E 为围岩的弹性（变形）模量，MPa；μ 为围岩泊松比。

8）在开展岩体及结构面变形和强度试验的基础上，分析变形和强度的试验值，结合围岩工程地质分类和工程地质类比，提出围岩物理力学性质参数地质建议值。根据垂直和平行层（似层）面方向的变形和强度试验成果，结合围岩受力特征等因素，综合确定层状围岩变形和强度的各向异性参数。各类围岩主要物理力学参数经验取值可参考表2.2-6。

表2.2-6　各类围岩主要物理力学参数经验取值

围岩类别	密度 ρ /(t/m³)	摩擦系数 f'	黏聚力 C' /MPa	变形模量 E_0 /GPa	泊松比 μ	坚固系数 f	单位弹性抗力系数 K_0 /(MPa/cm)
Ⅰ	>2.7	1.3～1.5	1.8.～2.2	>20	0.17～0.22	>7	>70
Ⅱ	2.5～2.7	1.1～1.3	1.3～1.8	10～20	0.22～0.25	5～7	50～70
Ⅲ	2.3～2.5	0.7～1.1	0.6～1.3	5～10	0.25～0.30	3～5	30～50
Ⅳ	2.1～2.3	0.5～0.7	0.3～0.6	1～5	0.30～0.35	1～3	5～30
Ⅴ	<2.1	0.35～0.5	<0.2	<1	>0.35	<1	<5

（2）岩体地应力场勘察。

1）初步估计地应力量级、方向。收集、分析区域构造资料和类似工程地应力成果，并根据洞室上覆岩体厚度，利用理论计算和经验对初始地应力作出评估。

在构造应力等因素影响不显著的地区，一般情况下，初始应力的垂直向应力为自重应力 γH，水平向应力不小于 $\gamma H\mu/(1-\mu)$。式中 H 为埋深，m；γ 为岩石重力密度，t/m^3，μ 为岩石泊松比。

受构造应力等因素影响较大的地区，通过对区域历次构造形迹的调查和对近期构造运动的分析，确定初始地应力的最大主应力方向。历次发生的地质构造运动，常影响并改变自重应力场。一般情况下，垂直向主应力和最大水平向主应力可按表2.2-7取值。

表2.2-7　　受构造应力影响较大地区的主应力

主应力	埋深/m	
	<1000	≥1000
垂直向主应力 σ_V	$(0.8\sim3)\gamma H$	$(0.8\sim1.2)\gamma H$
最大水平向主应力 σ_H	$(0.8\sim3)\gamma H$	0.10～0.40

注　H 为埋深，m；γ 为岩石的密度，t/m^3。

2）进行现场地应力测试，查明岩体地应力量级、方向。水压致裂法测试原理与气垫式调压室的工作原理相似，因此，一般应选择水压致裂法进行气垫式调压室区三维地应力测试。

3）进行岸坡及谷底岩体地应力状态的分带（区）。在峡谷地段，从谷坡至山体以内，可划分为地应力释放区、地应力集中区和原始地应力区。峡谷区地应力释放和集中的影响范围，在水平方向一般为谷宽的1～3倍。河谷快速下切的地区，一般应力释放区的影响范围较小。反之，则应力释放区的影响范围变大；谷坡位置越高，地应力释放区的影响范围越大。对两岸山体，最大主应力方向一般平行于岸坡。在河谷谷底较深部位，最大主应力方向趋于水平且转向垂直于河谷。

有实测地应力成果时，直接利用实测值，通过回归分析确定初始地应力场，并分析与构造应力和自重应力的关系。

4）调查高地应力引起的岩芯饼化和洞壁岩爆等现象。

5）根据实测的最大主应力或估算的自重应力值、岩石饱和单轴抗压强度，以及已发生岩爆或岩芯饼裂等高地应力现象，计算岩石强度应力比，按表2.2-8对岩体初始地应力进行分级。

表2.2-8　　岩体初始地应力的分级

应力分级	最大主应力量级 σ_m /MPa	岩石强度应力比 R_b/σ_m	主要现象
极高地应力	$\sigma_m \geq 40$	<2	硬质岩：开挖过程中时有岩爆发生，有岩块弹出，洞壁岩体发生剥离，新生裂缝多；基坑有剥离现象，成形性差；钻孔岩芯多有饼化现象。 软质岩：钻孔岩芯有饼化现象，开挖过程中洞壁岩体有剥离，位移极为显著，甚至发生大位移，持续时间长，不易成洞；基坑岩体发生卸荷回弹，出现显著隆起或剥离，不易成形

续表

应力分级	最大主应力量级 σ_m /MPa	岩石强度应力比 R_b/σ_m	主要现象
高地应力	$20 \leqslant \sigma_m < 40$	2～4	硬质岩：开挖过程中可能出现岩爆，洞壁岩体有剥离和掉块现象，新生裂缝较多；基坑时有剥离现象，成形性一般尚好；钻孔岩芯时有饼化现象。 软质岩：钻孔岩芯有饼化现象，开挖过程中洞壁岩体位移显著，持续时间较长，成洞性差；基坑有隆起现象，成形性较差
中等地应力	$10 \leqslant \sigma_m < 20$	4～7	硬质岩：开挖过程洞壁岩体局部有剥离和掉块现象，成洞性尚好；基坑局部有剥离现象，成形性尚好。 软质岩：开挖过程中洞壁岩体局部有位移，成洞性尚好；基坑局部有隆起现象，成形性一般尚好
低地应力	$\sigma_m < 10$	>7	无上述现象

注　表中 R_b 为岩石饱和单轴抗压强度，MPa；σ_m 为最大主应力，MPa。

6）从岩性及岩体强度、岩体结构特征及完整性、地应力量级及方向、地下水活动状态等方面研究岩爆发生的地质因素，进行围岩发生岩爆的预测。对完整—较完整的中硬—坚硬岩体且无地下水活动的地段，根据岩石强度应力比、发生岩爆的临界埋深和发生岩爆的主要现象等按表 2.2-9 进行岩爆烈度分级。

表 2.2-9　　岩爆烈度分级

岩爆分级	主要现象	岩爆判别	
		临界埋深/m	岩石强度应力比 R_b/σ_m
轻微岩爆	围岩表层有爆裂脱落、剥离现象，内部有噼啪、撕裂声，人耳偶然可听到，无弹射现象；主要表现为洞顶的劈裂—松脱破坏和侧壁的劈裂—松胀、隆起等。岩爆零星间断发生，影响深度小于 0.5m；对施工影响较小	$H \geqslant H_{cr}$	4～7
中等岩爆	围岩爆裂脱落、剥离现象较严重，有少量弹射，破坏范围明显。有似雷管爆破的清脆爆裂声，人耳常可听到围岩内的岩石的撕裂声；有一定持续时间，影响深度 0.5～1m；对施工有一定影响		2～4

续表

岩爆分级	主要现象	岩爆判别	
		临界埋深/m	岩石强度应力比 R_b/σ_m
强烈岩爆	围岩大片爆裂脱落，出现强烈弹射，发生岩块的抛射及岩粉喷射现象；有似爆破的爆裂声，声响强烈；持续时间长，并向围岩深度发展，破坏范围和块度大，影响深度1～3m；对施工影响大	$H \geqslant H_{cr}$	1～2
极强岩爆	围岩大片严重爆裂，大块岩片出现剧烈弹射，震动强烈，有似炮弹、闷雷声，声响剧烈；迅速向围岩深部发展，破坏范围和块度大，影响深度大于3m；严重影响工程施工		<1

临界埋深可根据下式计算：

$$H_{cr} = 0.318R_b(1-\mu)/(3-4\mu)\gamma$$

式中：H_{cr}为临界埋深，即发生岩爆的最小埋深，m；R_b为岩石饱和单轴抗压强度，MPa；μ为岩石泊松比；γ为岩石重力密度，$10kN/m^3$

注 本表适用于完整—较完整的中硬、坚硬岩体，且无地下水活动的地段。

7）根据岩体地应力测试、地应力场分析，结合对高地应力现象的地质分析、区域地质构造应力分析、地形地貌分析等，综合确定地应力的量级和方向，为调压室位置选择及围岩稳定性评价提供依据。

（3）岩体渗透特性勘察。

1）根据工程区地下水基本类型、水位、水压、水量，岩性条件，岩体完整性等，结合类似工程，初步评估工程区岩体渗透特性。

2）重点查明断层破碎带、节理裂隙密集带、张性结构面等强透水带在洞室区分布和性状，特别是开挖面与交通洞和地表的连通性，评价其对工程防渗的影响。

3）利用勘探平洞或施工支洞进行钻孔高压压水试验，查明岩体各方向的渗透性，并进行渗透性分区。对于完整—较完整岩体，渗透主要沿结构面进行，岩体各方向渗透性往往随主要结构面的优势方向而表现出一定的差异。

4）进行水力劈裂试验，查明岩体主要结构面的抗渗能力。

5）在取得工程区水文地质结构、边界条件、水文地质参数及地下水位长期观测基础上，建立水文地质概化模型，进行洞群区天然状态、施工开挖及运行期地下水渗流场数值分析和研究。

6）根据钻孔高压压水试验、水力劈裂试验以及地下水渗流场分析成果，综合确定围岩和主要结构面的渗透和渗透变形参数，为气垫式调压室位置选择及防渗设计提供依据。

（4）地温、有害气体及放射性勘察。

1）收集地区地温地热有关资料，并根据工程区钻孔和探洞不同深度实测地温资料，确定地温增温梯度值，预测洞室地温。

2）在收集区域地质资料的基础上，分析有害气体生存的地质环境，查明可能产生气、储气岩层的分布，有害气体的运移、聚集条件、封闭条件等，利用探洞、钻孔进行有害气体含量测试，评价和预测其危害程度，提出防护措施的建议。地下洞室有害气体最大允许浓度参见表2.2-10。

表2.2-10　　地下洞室有害气体最大允许浓度表

名　称	符　号	最大允许浓度	
		体积比/%	重量比/(mg/m³)
一氧化碳	CO	0.00240	30
氮氧化物	换算成NO_2	0.00025	5
二氧化硫	SO_2	0.00050	15
氨	NH_3	0.00400	30
硫化氢	H_2S	0.00066	10

3）收集有关放射性物源的区域地质资料，在调查洞室区地层岩性、地质构造条件的基础上，分析放射性物质储存地质条件，利用勘探平洞、钻孔、施工支洞及溶出的地下水，测定氡及气体平衡当量浓度和环境放射性辐射量等，提出防护措施的建议。

2.3 工程地质勘察方法

气垫式调压室地质勘察方法主要有地质测绘、平洞、钻孔、岩体物理力学性质试验等。测试地应力量级、方向时，一般应采用水压致裂法；确定围岩的渗透和渗透变形特性时，应进行高压压水试验和水力劈裂试验。

2.3.1 工程地质测绘

气垫式调压室工程地质勘察应在收集已有地形地质资料的基础上，进行工程地质调查、测绘，为工程地质条件评价提供基本资料，并为平洞、钻探、物探、试验和专门性勘察提供工作依据。没有工程地质测绘资料作基础，仓促布置各种勘探工程，存在很大的盲目性，其结果可能达不到预计的目的，甚至会造成浪费。

预可行性研究阶段工程地质测绘比例尺可选用1∶5000～1∶2000，工程地质测绘范围可结合引水隧洞及厂址区各比较方案综合考虑，应包括初拟气垫式调压室位置周围500～1000m地带；可行性研究阶段工程地质测绘比例尺可选用 1∶2000～1∶500，测绘范围应包括气垫式调压室区周围 300～500m 地带；施工阶段，应利用施工导洞、支洞和主洞进行详细地质编录和测绘，工程地质编录的比例尺可选用 1∶200～1∶50。

节理裂隙的发育情况，宜采用国际岩石力学学会现场及实验室标准化委员会推荐的方法，调查统计组数、方位（各组优势产状）、间距、延续性、粗糙起伏程度、裂隙面风化蚀变程度、张开度、充填物、渗流、岩块尺寸（块体尺寸指数、体积裂隙数）。统计窗口数量应根据实际情况确定。统计窗口的布置应具有地质代表性，并应考虑其方向性。

2.3.2 工程地质勘探

气垫式调压室工程地质勘探主要手段是洞探、钻探和物探。

（1）洞探。气垫式调压室地质勘察需结合工程布置勘探平洞，以直观了解岩性特征、岩体完整程度、结构面性状、地下水状态等，为围岩分类和稳定性分析提供依据。同时，利用平洞进行钻探、物探，以及各种必要的试验和测试工作。

预可行性研究阶段由于勘探工作深度比较有限，而且勘探工期较短，往往不具备对气垫式调压室专门布置平洞的现场勘探条件，因此，在该阶段可利用厂址区勘探平洞，必要时平洞可沿压力管道方向向山里加深 200～500m。

可行性研究阶段勘探平洞应延伸到气垫式调压室可能布置的地段。为尽量避免沿勘探平洞形成渗漏通道，平洞或支洞宜与初拟气垫式调压室主洞轴向一致。实际工作中，由于勘探平洞较长，勘探成本较高，勘探平洞一般与气垫式调压室建设期的施工支洞、引水隧洞或交通洞结合布置。勘探平洞掘进过程中，对开挖揭露的地质条件应及时进行编录、测绘，并配合设计根据不良地质现象揭示情况对气垫式调压室初拟位置、轴线等进行动态调整。

（2）钻探。钻孔作为最常规的勘探手段，可以在直观了解基本地质条件的同时，也可以为现场地应力测试、钻孔压水试验和物探测试提供条件。钻孔应全孔取芯，每一回次应进行冲孔。对钻孔岩芯应进行详细描述、记录。

气垫式调压室勘探钻孔主要布置在平洞内气垫式调压室可能布置的地段。结合水压致裂法地应力测试和钻孔高压压水试验要求，钻孔一般按组布置。每组在平洞底板布置 1 个垂直钻孔，在同一位置侧壁布置 2 个水平钻孔，3 个钻孔相互呈约 90°交角。根据地质条件复杂程度和气垫式调压室规模，钻孔组数不宜小于 3 组，钻孔组间距一般为 100～200m，钻孔深度不宜小于气垫式调压室跨度的 3 倍。

（3）物探。主要利用平洞和钻孔进行声波测试和钻孔电视，必要时，进行孔间、洞间CT层析成像。在施工详图设计阶段，可利用地质雷达进行地质预报，进行围岩开挖爆破松动圈范围测定。

2.3.3　岩体物理力学性质试验

（1）各阶段岩体物理力学性质试验要求：

1）气垫式调压室勘察在预可行性研究阶段，由于受勘探条件和勘探周期的限制，往往不具备在专门的气垫式调压室位置进行勘探和试验的条件。但地下厂房的勘察一般均有勘探平洞和钻探，并开展了较多岩石（体）原位测试工作，而气垫式调压室往往较靠近地下厂房布置区，其岩层分布、岩性组成和岩体结构与气垫式调压室基本一致。因此，在该阶段可结合地下厂房已有的试验和测试成果，类比分析气垫式调压室布置区岩石（体）物理力学性质、地应力状态、岩体渗透性等。

2）在可行性研究阶段，应取样进行各类岩石物理力学性质室内试验，利用平洞和钻孔进行岩体和结构面现场试验、岩体地应力测试、钻孔高压压水试验、水力劈裂试验。必要时，探索利用平洞或钻孔进行压气试验，测试岩体透气性。在平洞、钻孔和施工导洞进行有害气体、放射性及地温的测试。对地下水取样进行水质分析试验。进行地下水长期观测。

3）在招标设计和技施阶段，对开挖过程中的岩石（体）应分层取样备查。必要时补充岩体和结构面现场试验、岩体地应力测试、钻孔压水试验等。根据需要，进行围岩变形观测和防渗效果检测。

（2）试验方法及要求：

1）岩石物理力学性质室内试验，包括岩石的密度、吸水率、单轴饱和抗压强度、抗剪强度、波速、动弹性模量、泊松比等试验和岩石磨片鉴定、矿物化学成分分析，必要时进行结构面抗剪强度试验、岩石三轴强度试验、流变试验和特殊岩的专门试验等。

2）在探洞内进行岩体现场试验，包括岩体及结构面的抗剪强度、静弹性模量与变形模量试验；波速（声波、地震波）测试，建议岩体波速与静变形模量的相关关系。必要时，进行岩体抗压试验、软岩三轴试验、软岩流变试验、围岩单位弹性抗力系数测试等。

3）岩石（体）取样和现场试验位置应布置在拟选气垫式调压室或周围50～100m范围内，室内试验累计组数不应少于6组。

4）利用探洞进行岩体地应力测试。由于与气垫式调压室工作原理相似，应力测试宜采用水压致裂法。水压致裂法地应力测试方法详见本章2.3.4节。

5）利用探洞进行钻孔高压压水试验，其最大试验压力不小于设计最大水头值的 1.2 倍。钻孔高压压水试验的试验方法详见本章 2.3.5 节。

6）选择钻孔裂隙发育孔段进行水力劈裂试验，评价裂隙岩体抗劈裂能力。水力劈裂试验方法详见本章 2.3.6 节。

2.3.4 水压致裂法地应力测试

水压致裂法地应力测试是利用一对可膨胀的封隔器在选定的测量深度封隔一段钻孔，然后通过泵入流体对该试验段（常称压裂段）增压直致孔壁岩体产生张拉破坏，根据记录得到的特征压力参数按弹性理论公式计算岩体应力参数。该方法是 20 世纪 70 年代发展起来的一种地应力测试方法，是目前国际上能较好地直接进行深孔应力测量的先进方法，1987 年被国际岩石力学学会实验室和现场试验标准化委员会列为推荐方法[10]，也是《水电水利工程岩体应力测试规程》（DL/T 5367—2007）的岩体应力测试推荐方法。

由于该方法具有操作简便、可在任意深度进行连续或重复测试、测量速度快、测值可靠等特点，特别是其测试原理与气垫式调压室的工作原理相似，在评价气垫式调压室岩体应力状态时，一般选用该方法进行三维地应力测试。

（1）基本原理。水压致裂原地应力测量是以弹性力学为基础，并以下面 3 个假设为前提：①岩石是线弹性和各向同性的；②岩石是完整的，压裂液体对岩石来说是非渗透的；③岩层中有一个主应力的方向和孔轴平行。在上述理论和假设前提下，水压致裂的力学模型可简化为一个平面应力问题。相当于有两个主应力 σ_1 和 σ_2 作用在有一半径为 a 的圆孔的无限大平板上，如图 2.3-1 所示。

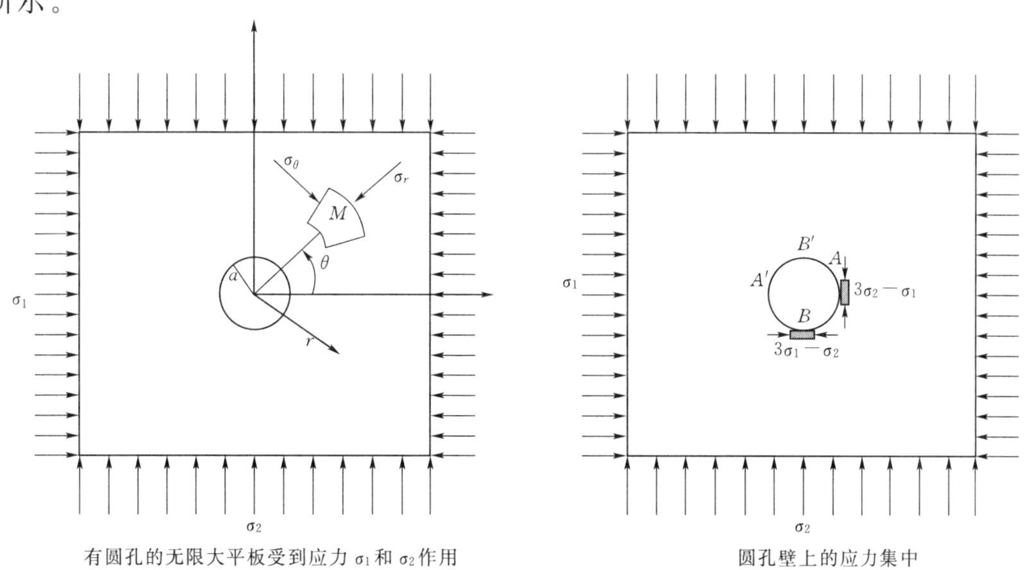

图 2.3-1 水压致裂应力测量的力学模型

若 $\sigma_1 > \sigma_2$，由于圆孔周边应力的集中效应则 $\sigma_A < \sigma_B$。因此，在圆孔内施加的液压大于孔壁上岩石所能承受的应力时，将在最小切向应力的位置上，即 A 点及其对称点 A' 处产生张破裂。并且破裂将沿着垂直于最小主应力的方向扩展。此时把孔壁产生破裂的外加液压称为临界破裂压力 P_b。临界破裂压力 P_b 等于孔壁破裂处的应力集中加上岩石的抗拉强度 T。

孔壁破裂后，若继续注液增压，裂缝将向纵深处扩展。若马上停止注液增压，并保持压裂回路密闭，裂缝将停止延伸。由于地应力场的作用，裂缝将迅速趋于闭合。通常把裂缝处于临界闭合状态时的平衡压力称为瞬时闭合压力 P_s，它等于垂直裂缝面的最小水平主应力。

如果再次对封隔段增压，使裂缝重新张开时，即可得到破裂重新张开的压力 P_r。此时的岩石已经破裂，抗拉强度 $T=0$。

实际上钻孔与某一主应力方向相平行的假设并非完全必要，即在钻孔（水平孔或斜孔）与主应力方向不一致时，孔壁岩石的破裂同样是沿着轴向发展的。除钻孔承压段端部附近以外，大部分区域只有切向应力 $\sigma_{\theta i}^{b}$ 才能因液压增加而转变成拉应力状态，轴向应力 σ_{zi}^{b} 则不随液压增加而改变，所以在钻孔大部分承压区域，除了围岩有原生节理等情况外，完整围岩的破裂是沿着轴向发展的。

以水压致裂法对完整围岩进行的单孔应力测量，由于破裂沿轴向发展，因此只能获得垂直于孔轴的平面应力场。要想得出三维应力场，需要对交汇的 3 个钻孔分别进行水压致裂应力测量。然后根据各钻孔方位、各钻孔平面内的应力状态和压裂缝与 X_i 轴之间夹角，计算空间主应力大小和方向。

（2）基本规定：

1）水压致裂应力测试孔应布置在勘探平洞内气垫式调压室布置区及其周围 50～100m 范围内，一般与高压压水测试孔结合布置。

2）要想得出三维应力场，需要对交汇的 3 个钻孔分别进行水压致裂法应力测量。3 个交汇钻孔一般在平洞底板布置 1 个竖向孔，同一侧壁布置两个水平向钻孔，3 孔相互呈约 90°交角。

3）为充分评价气垫式调压室区布置区空间应力状态，岩体应力测试不宜少于 3 组，每组间距一般为 100～200m。

4）测试钻孔要求同常规压水试验，其孔径应满足试验进水量和栓塞止水的要求，钻孔深度一般要超过调压室跨度的 3 倍。

5）测试孔应全孔取芯，每一回次应进行冲孔。对测试钻孔岩芯进行详细描述，特别是岩体完整性及各类结构面位置、产状、性质、连续性。

6）试段长度应大于孔径的6倍，一般为60cm左右。两试段间距宜大于5m。加压段的岩性应均一、完整。封隔段须放置在孔壁光滑、孔径一致的位置。加压段和封隔段岩体的透水率不宜大于1Lu。

7）同一测试孔内试段数量，应根据地形地质条件、岩芯变化、测试孔深度而定，为确保资料充分，在钻孔条件允许的情况下应尽可能多选试验段。

（3）测试设备。水压致裂法岩体应力测试设备主要包括高压大流量水泵、连接管路、封隔器、压力表和压力传感器、流量表和流量传感器、函数记录仪、印模器或钻孔电视等。加压系统宜采用双回路加压，分别向加压段和封隔器加压。高压大流量水泵按岩体应力量级和岩性进行选择，一般采用最大压力为40MPa，流量为4L/min的水泵。当流量不够时，可以采用两台并联。图2.3-2为水压致裂应力测试系统。

确定平面主压应力的方向常用的方法是定向印模法。测试装置由自动定向仪和印模器组成（图2.3-3），它可直接把孔壁上的裂缝痕迹印下来。从外观上看印模器与普通封隔器大致相同，所不同的是表层覆盖着一层半硫化橡胶。

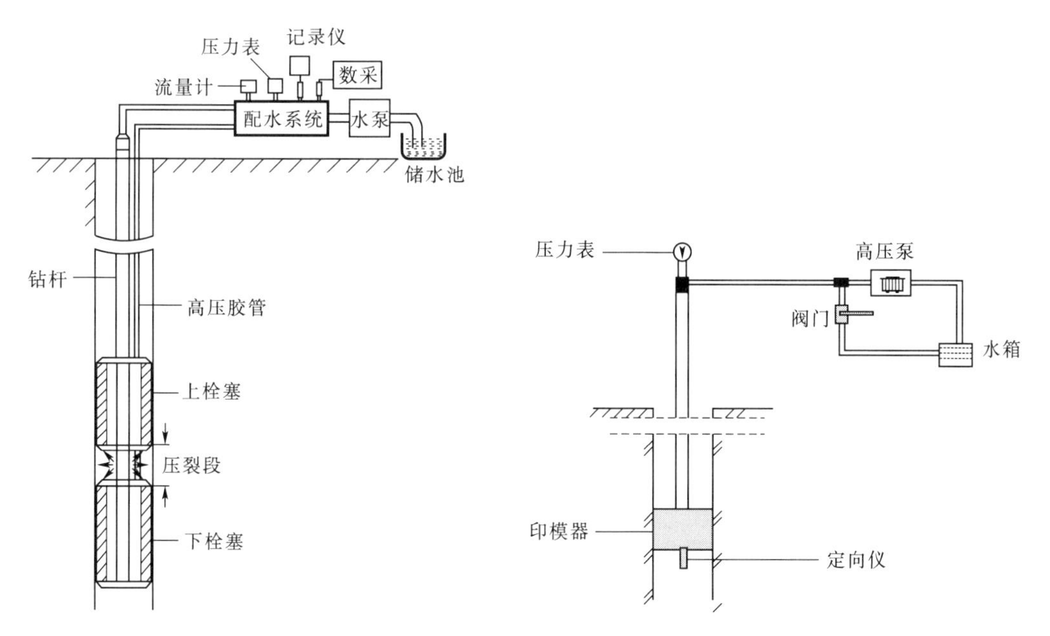

图2.3-2 水压致裂应力测试系统　　图2.3-3 确定最大主压应力方向的测试装置

（4）现场测试。水压致裂法的现场测试程序如下：

1）选择试验段。根据工程要求以及钻孔岩芯和孔内电视情况选择试段位置和数量。

2）检验测量系统。在正式压裂前，要对测试所使用的钻杆及压裂系统进行高压试验，一般试验压力不低于15MPa。要求每个接头都不得有泄漏。并对已试验钻杆进行编号，以便测试深度准确无误。另外，还要对所使用的仪器设备进行检验标定，以保证测试数据的准确性和可靠性。

3）安装井下测量设备。用钻杆将一对可膨胀的橡胶封隔器，放置到所要测量的深度位置。

4）座封。通过地面的一个独立加压系统，给两个1m长的封隔器同时增压，使其膨胀并与孔壁紧密接触，即可将压裂段予以隔离，形成一个封隔空间（即压裂试验段）。地面有封隔器压力的监视装置，在试验过程中若由于某种原因封隔器压力下降时，可随时通过地面的加压系统补压。

5）压裂。利用高压泵通过高压管线向被封隔的空间（压裂试验段）增压。在增压过程中，由于高压管路中装有压力传感器，记录仪表上的压力值将随高压液体的泵入而迅速增高，由于钻孔周边的应力集中，压裂段内的岩石在足够大的液压作用下，将会在最小切向应力的位置上产生破裂，也就是在垂直于最小水平主应力的方向开裂。这时所记录的临界压力值P_b，就是岩石的破裂压力。岩石一旦产生裂缝，在高压液体来不及补充的瞬间，压力将急剧下降。若继续保持排量加压，裂缝将保持张开并向岩体深处延扩。

6）关泵。岩石开裂后关闭高压泵，停止向测试段注压。在关泵的瞬间压力将急剧下降；之后，随着液体向地层的渗入，压力将缓慢下降。在岩体应力的作用下，裂缝趋于闭合。当裂缝处于临界闭合状态时记录到的压力即为瞬时闭合压力P_s。

7）卸压。当压裂段内的压力趋于平稳或不再有明显下降时，即可解除本次封隔段内的压力，连通大气，促使已张开的裂缝闭合。

8）重张。再次向压裂段内泵入高压流体，使得已经闭合的裂缝再次张开，在裂缝张开瞬间记录到的压力即为重张压力P_r。在测试过程中，每段通常都要进行3～5个回次，以便取得合理的应力参量以及准确判断岩石的破裂和裂缝的延伸状态。

9）印模定向试验。在压裂测量之后即可进行裂缝方位的测定，以便确定平面主压应力的方向。测定破裂方位时，要选择岩石完整，压力—时间关系曲线有较高破裂压力的测段。为了获得清晰的裂缝痕迹，需要施加足够的高压（加压至10MPa左右），促使孔壁上由压裂产生的裂缝重新张开以便半硫化橡胶挤入，并保持相应的时间。待保压时间结束后，卸掉印模器的压力并将其提出钻孔。利用基线、磁北针和印痕之间的关系可确定出所测破裂面的方向，即最大水平主压应力的方向。

(5) 数据分析方法。绘制水压致裂过程中压力—时间曲线，典型压力—时间曲线如图 2.3-3 所示。从中可直接得到岩石的破裂压力 P_b，瞬时闭合压力 P_s 以及裂缝的重新张开压力 P_r，根据这几个基础参数就可以计算出最大水平主应力 σ_H 和最小水平主应力 σ_h 及岩石的原地抗拉强度 T。

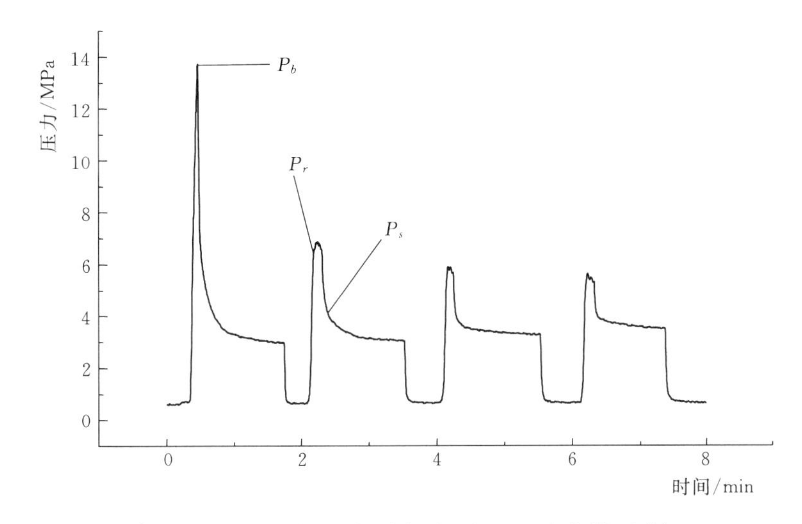

图 2.3-4 水压致裂应力测量记录曲线示例

各压力参数的判读及计算方法如下：

1) 破裂压力 P_b。破裂压力 P_b 一般比较容易确定，即把压裂过程中第一循环回次的峰值压力称为岩石的破裂压力。

2) 重张压力 P_r。重张压力 P_r 为后续几个加压回次中使已有裂缝重新张开时的压力。通常取压力—时间曲线倾角率发生明显变化时对应的一点为破裂重新张开的压力值。

为克服岩石在第一回次、第二回次可能未充分破裂所带来的影响，和后几回次随着裂缝开合次数增加造成重张压力逐次变低的趋势，根据以往的经验通常取第三个循环回次的值为该测试段的重张压力值。

3) 瞬时闭合压力 P_s。瞬时闭合压力 P_s 的确定对于水压致裂应力测量非常重要。瞬时闭合压力 P_s 等于最小水平主应力 σ_h，也就是说水压致裂法可直接测出最小水平主应力值 σ_h；另外，在计算最大水平主应力时，由于 P_s 的取值误差可导致 σ_H 两倍的计算误差，因而瞬时闭合压力的准确取值尤为关键。目前，比较常用和通行的 P_s 取值方法有拐点法、单切线及双切线法、$\mathrm{d}t/\mathrm{d}p$ 法、$\mathrm{d}p/\mathrm{d}t$ 法、Mauskat 方法、流量—压力法等。

4) 孔隙压力 P_0。在计算最大水平主应力时，需要岩层的孔隙压力值，国内外大量的实际测量和研究表明，在绝大多数情况下孔隙压力基本上等于静水位压力。因此，在水压致裂法应力测量过程中，通常以测量段深度上的地下水的静水柱压力作为该测段的孔隙压力 P_0，而在平孔中常把静水柱压力和孔隙压力近似以 0 处理。

（6）岩体应力参数计算：

1）按下列公式计算单孔岩体应力和岩体抗拉强度：

$$\sigma_h = P_s \tag{2.3-1}$$

$$\sigma_H = 3\sigma_h - P_r - P_0 \tag{2.3-2}$$

$$T = P_b - P_r \tag{2.3-3}$$

式中：σ_h 为钻孔横截面上岩体平面最小主应力，MPa；σ_H 为钻孔横截面上岩体平面最大主应力，MPa；T 为岩体抗拉强度，MPa；P_s 为瞬时闭合压力，MPa；P_r 为重张压力，MPa；P_b 为破裂压力，MPa；P_0 为孔隙水压力，MPa。

2）三维空间应力计算理论和方法。为了计算方便，首先以大地坐标系 0-XYZ 为固定坐标系，Z 轴垂直向上，X 轴可根据需要设定一方向（一般情况 X 轴指向正南），其方位角为 β_0；以实际钻孔（编号为 i）坐标系 0-$x_iy_iz_i$ 为活动坐标系，Z_i 轴方向为钻孔轴线方向，指向孔口为正，轴 X_i 为水平方向，从孔口向内看，指向右为正，Y_i 轴按右手坐标系确定（图 2.3-5）。

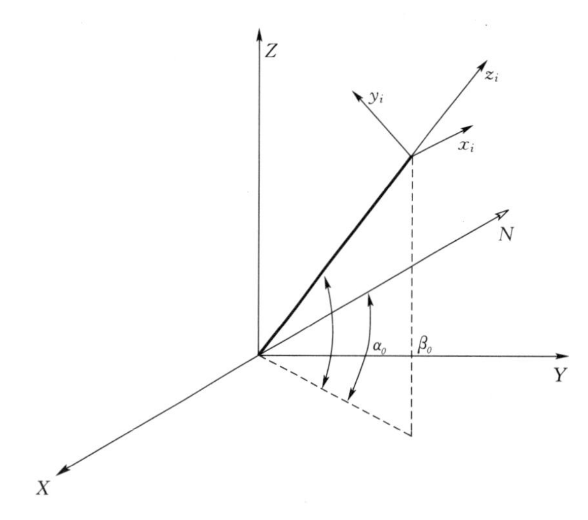

图 2.3-5　固定坐标系和钻孔坐标系空间位置示意图

通过对 i 号钻孔进行实测，可获得垂直于钻孔的平面内的应力状态 σ_{Ai} 、σ_{Bi} 和 A_i（即大次主应力、小次主应力和裂缝与 X_i 轴之间夹角）。若已知活动坐标系表示的应力分量 σ_{xi} 、σ_{yi} 和 τ_{xiyi} ，通过应力分量坐标变换，求得它们与固定坐标系表示的应力分量关系为

$$\left.\begin{aligned}\sigma_{xi} &= \sigma_x l_1^2 + \sigma_y m_1^2 + \sigma_z n_1^2 + 2\tau_{xy} l_1 m_1 + 2\tau_{yz} m_1 n_1 + 2\tau_{zx} n_1 l_1 \\ \sigma_{yi} &= \sigma_x l_2^2 + \sigma_y m_2^2 + \sigma_z n_2^2 + 2\tau_{xy} l_2 m_2 + 2\tau_{yz} m_2 n_2 + 2\tau_{zx} n_2 l_2 \\ \tau_{xiyi} &= \sigma_x l_1 l_2 + \sigma_y m_1 m_2 + \sigma_z n_1 n_2 + \tau_{xy}(l_1 m_2 + l_2 m_1) \\ &\quad + \tau_{yz}(m_1 n_2 + n_1 m_2) + \tau_{zx}(n_1 l_2 + l_1 n_2)\end{aligned}\right\} \tag{2.3-4}$$

如图 2.3-5 所示，钻孔的倾角为 α_i ，方位角为 β_i ，活动坐标系各坐标轴相对于固定坐标系的方向余弦见表 2.3-1。

表 2.3-1 活动坐标系各坐标轴相对于固定坐标系的方向余弦

方向余弦 固定坐标系 / 活动坐标系	X	Y	Z
X_i	$l_1 =-\sin(\beta_0-\beta_i)$	$m_1=\cos(\beta_0-\beta_i)$	$n_1=0$
Y_i	$l_2=-\sin\alpha_i\cos(\beta_0-\beta_i)$	$m_2=-\sin\alpha_i\sin(\beta_0-\beta_i)$	$n_2=\cos\alpha_i$
Z_i	$l_3=\cos\alpha_i\cos(\beta_0-\beta_i)$	$m_3=\cos\alpha_i\sin(\beta_0-\beta_i)$	$n_3=\sin\alpha_i$

将表 2.3-1 中方向余弦代入式（2.3-4）得：

$$\begin{aligned}\sigma_{xi} &= \sigma_x \sin^2(\beta_0-\beta_i)+\sigma_y \cos^2(\beta_0-\beta_i)-\tau_{xy}\sin2(\beta_0-\beta_i)\\ \sigma_{yi} &= \sigma_x\sin^2\alpha_i\cos^2(\beta_0-\beta_i)+\sigma_y\sin^2\alpha_i\sin^2(\beta_0-\beta_i)+\sigma_z\cos^2\alpha_i\\ &\quad+\tau_{xy}\sin^2\alpha_i\sin2(\beta_0-\beta_i)-\tau_{yz}\sin2\alpha_i\sin(\beta_0-\beta_i)-\tau_{zx}\sin2\alpha_i\cos(\beta_0-\beta_i)\\ \tau_{xiyi} &= 0.5(\sigma_x-\sigma_y)\sin\alpha_i\sin2(\beta_0-\beta_i)-\tau_{xy}\sin\alpha_i\cos2(\beta_0-\beta_i)\\ &\quad+\tau_{yz}\cos\alpha_i\cos(\beta_0-\beta_i)-\tau_{zx}\cos\alpha_i\sin(\beta_0-\beta_i)\end{aligned}\tag{2.3-5}$$

式（2.3-5）中 σ_{xi}、σ_{yi} 和 τ_{xiyi} 为对 i 号钻孔实测得出的观测值，它们与钻孔横截面内次主应力 σ_{Ai}、σ_{Bi} 存在如下关系：

$$\begin{aligned}\sigma_{xi}+\sigma_{yi} &= \sigma_{Ai}+\sigma_{Bi}\\ \sigma_{xi}-\sigma_{yi} &= (\sigma_{Ai}-\sigma_{Bi})\cos2A_i\\ 2\tau_{xiyi} &= (\sigma_{Ai}-\sigma_{Bi})\sin2A_i\end{aligned}\tag{2.3-6}$$

式中：A_i 仍为从 X_i 轴逆时针量至压裂缝的角度，将式（2.3-5）代入式（2.3-6）得观测值方程组如下：

$$\sigma_K^* = D_{K1}\sigma_x+D_{K2}\sigma_y+D_{K3}\sigma_Z+D_{K4}\tau_{xy}+D_{K5}\tau_{yz}+D_{K6}\tau_{zx}\tag{2.3-7}$$

式中：$K=3(i-1)+j$，i 为测孔编号，$i=1, 2, \cdots, n$；n 为测孔总数，等于或大于 3；j 为每个测孔中相应于式（2.3-6）观测值第一、第二和第三式的编号，$j=1, 2, 3$；σ_K^* 为观测值，$D_{K1}\sim D_{K6}$ 为观测值方程的应力系数，当 $j=1, 2, 3$ 时其相应值见表 2.3-2。

表 2.3-2 $j=1\sim3$ 时的应力系数和观测值

D_K \ K	$3(i-1)+1$	$3(i-1)+2$	$3(i-1)+3$
D_{K1}	$1-\cos^2\alpha_i\cos^2(\beta_0-\beta_i)$	$1-(1+\sin^2\alpha_i)\cos^2(\beta_0-\beta_i)$	$\sin\alpha_i\sin(\beta_0-\beta_i)$
D_{K2}	$1-\cos^2\alpha_i\sin^2(\beta_0-\beta_i)$	$1-(1+\sin^2\alpha_i)\sin^2(\beta_0-\beta_i)$	$-\sin\alpha_i\sin^2(\beta_0-\beta_i)$
D_{K3}	$\cos^2\alpha_i$	$-\cos^2\alpha_i$	0
D_{K4}	$-\cos^2\alpha_i\sin^2(\beta_0-\beta_i)$	$-(1+\sin^2\alpha_i)\sin^2(\beta_0-\beta_i)$	$-2\sin\alpha_i\cos^2(\beta_0-\beta_i)$

续表

K \ D_K	$3(i-1)+1$	$3(i-1)+2$	$3(i-1)+3$
D_{K5}	$-\sin2\alpha_i\sin(\beta_0-\beta_i)$	$\sin2\alpha_i\sin(\beta_0-\beta_i)$	$2\cos\alpha_i\cos(\beta_0-\beta_i)$
D_{K6}	$-\sin2\alpha_i\cos(\beta_0-\beta_i)$	$\sin2\alpha_i\cos(\beta_0-\beta_i)$	$-2\cos\alpha_i\sin(\beta_0-\beta_i)$
σ_K	$\sigma_{Ai}+\sigma_{Bi}$	$(\sigma_{Ai}-\sigma_{Bi})\cos2A_i$	$(\sigma_{Ai}-\sigma_{Bi})\sin2A_i$

这样，一个钻孔可列出3个方程式，3个钻孔便有9个方程式，多于未知量（6个应力分量）的数目，用数理统计最小二乘法原理，得到求解应力分量最佳值的正规方程组：

$$\begin{bmatrix} \sum_{i=1}^{n} D_{K1}^2 & \sum_{i=1}^{n} D_{K2}D_{K1} & \cdots & \sum_{i=1}^{n} D_{K6}D_{K1} \\ \sum_{i=1}^{n} D_{K1}D_{K2} & \sum_{i=1}^{n} D_{K2}^2 & \cdots & \sum_{i=1}^{n} D_{K6}D_{K2} \\ & & \cdots & \\ \sum_{i=1}^{n} D_{K1}D_{K6} & \sum_{i=1}^{n} D_{K2}D_{K6} & \cdots & \sum_{i=1}^{n} D_{K6}^2 \end{bmatrix} \begin{bmatrix} \sigma_x \\ \sigma_y \\ \vdots \\ \tau_{xy} \end{bmatrix} = \begin{bmatrix} \sum_{i=1}^{n} D_{K1}\sigma_K^* \\ \sum_{i=1}^{n} D_{K2}\sigma_K^* \\ \vdots \\ \sum_{i=1}^{n} D_{K6}\sigma_K^* \end{bmatrix} \tag{2.3-8}$$

由式（2.3-8）求得地应力场中6个应力分量以后，再根据下式求解3个主应力值

$$\left.\begin{aligned} \sigma_1 &= 2\sqrt{-P/3}\cos\omega/3+J_1/3 \\ \sigma_2 &= 2\sqrt{-P/3}\cos(\omega+2\pi)/3+J_1/3 \\ \sigma_3 &= 2\sqrt{-P/3}\cos(\omega+4\pi)/3+J_1/3 \end{aligned}\right\} \tag{2.3-9}$$

式中：

$$\begin{aligned} \omega &= \cos^{-1}-\frac{Q/2}{\sqrt{-(P/3)^3}} \\ P &= -J_1^2/3+J_2 \\ Q &= -2J_1^3/27+J_1J_2/3-J_3 \end{aligned} \tag{2.3-10}$$

式（2.3-9）和式（2.3-10）中 J_1、J_2 和 J_3 为应力张量的第一、第二和第三不变量。

主应力方向由下式中任二式

$$(\sigma_x-\sigma_i)l_i+\tau_{xy}m_i+\tau_{zx}n_i=0$$
$$\tau_{xy}l_i+(\sigma_y-\sigma_i)m_i+\tau_{yz}n_i=0 \qquad (2.3-11)$$
$$\tau_{zx}l_i+\tau_{yz}m_i+(\sigma_z-\sigma_i)n_i=0$$

和方向余弦式

$$l_i^2+m_i^2+n_i^2=1 \qquad (2.3-12)$$

联立解得。根据图 2.3-6 得主应力的倾角 α_{0i} 和方位角 β_{0i} 为

$$\alpha_{0i}=\sin^{-1}n_i$$
$$\beta_{0i}=\beta_0-\sin^{-1}\frac{m_i}{\sqrt{1-n_i^2}} \qquad (2.3-13)$$

2.3.5 钻孔高压压水试验

在一般情况下，岩体的透水量随压力增大而增大。一些在低压下不渗透或透水率很低的岩石，在高压作用下，由于岩体中的微裂隙或节理等软弱结构面可能张开或扩展，从而改变了岩体的原始透水特性，透水率明显增大。气垫式调压室围岩往往需要承受几百米高水头压力，而常规压水试验的试验压力（0.3MPa，0.6MPa，0.9MPa）偏低，试验结果难以确切地反映岩体在真实水头压力下的渗透特性。因此，只有进行高压压水试验，才能测定岩体渗透特性、渗透稳定性及其结构面张开压力的可靠资料。

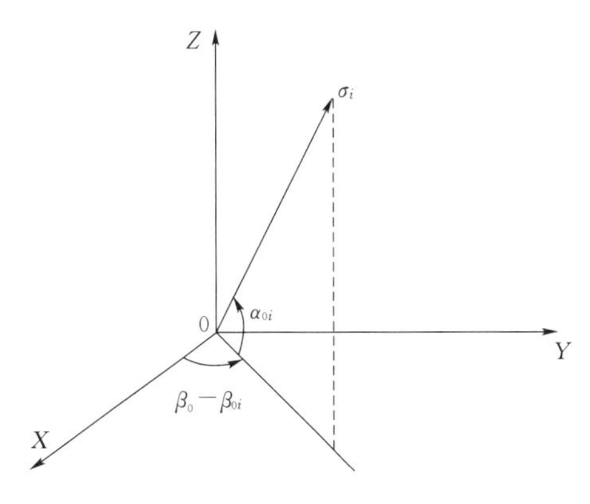

图 2.3-6 主应力的倾角和方位角

（1）基本规定：

1）钻孔高压压水试验孔应布置在勘探平洞内气垫式调压室布置区及其周围 50～100m 范围内，一般与水压致裂法地应力测试孔结合布置，也可单孔布置。

2）试验钻孔要求同常规压水试验，但其孔径应满足试验进水量和栓塞止水的要求。

3）压水试验可用双栓塞分段进行，也可用单栓塞自上而下地分段进行。

4）试段长度宜为 5m，可根据岩体的完整程度适当的加长或缩短。应依据钻孔岩芯结构面发育情况、完整程度，选择不同代表性的试段。

5）试验分两种：一种为确定岩体结构面张开压力的；另一种为测定岩土渗透特性和渗透稳定性的。

6）试验压力选择应先确定最高压力，最高压力不宜小于气室设计压力的

1.2～1.5 倍，试验压力可分为 5～10 级（按最大试验压力等分）。根据试验目的不同分为非循环加压和循环加压。对确定结构面张开压力的可进行非循环加压，压力可分 10 级施工；对确定岩体渗透稳定性和临界压力的，可进行多循环试验，一般为四循环，第一循环加压段和第四循环泄压段，压力可分为 10 级，第二、第三、第四循环的加压可分为 5 级，按最大试验压力等分，第一、第二、第三循环的泄压可分 1～5 级。当试验压力骤降即发生扩容现象时，可不再加压。

7）压力的稳定时间因试验的目的不同而异。确定结构面张开压力的，每级压力稳定时间为 5min；确定岩体渗透稳定性的，压力的稳定时间宜在 120min 以上，不应小于 30min。

（2）试验设备。钻孔高压压水试验的试验设备由止水栓塞、供水设备和量测设备组成。图 2.3－7 为钻孔高压压水试验设备示意图。

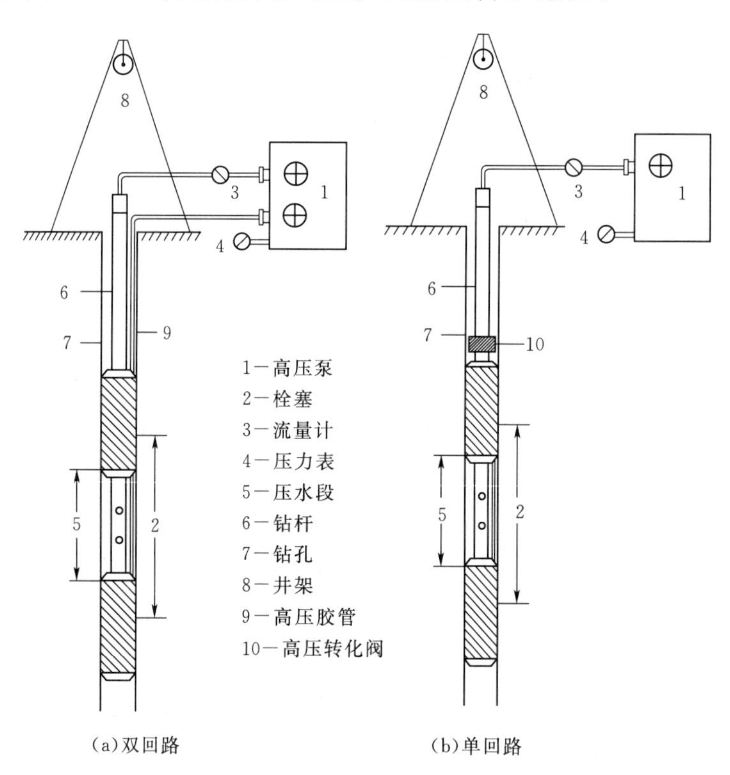

图 2.3－7　钻孔高压压水试验设备示意图

1）止水栓塞根据具体条件可选择止水可靠性较好的水压式、油压式等类型的栓塞。栓塞长度不宜小于 8 倍钻孔孔径，且需根据试验压力和止水方式验算确定。

2）供水设备应压力稳定、出水均匀、工作可靠。水泵最大排水量应满足试验压力和最长试段条件下的渗水量要求。稳定压力应大于试验最高压力及最大排水量下的管路压力损失之和。若单独水泵不能满足试验供水要求时，可采用多台水泵并联供水。

3）量测设备在满足常规压水试验要求同时，应能在 1.5 倍最大试验压力下正常工作，量测范围与供水设备的排水量相匹配，并能测定正向和反向流量。应采用两只不同量程的流量传感器。

（3）现场试验。钻孔高压压水试验的基本操作程序与常规压水试验相同，一般分为洗孔、试段选择和隔离、水位、压力和流量观测。

采用油压式或水压式栓塞时，充油（水）压力应大于相应试验压力 0.5MPa，每级压力下冲油（水）压力保持不变。栓塞定位要准确，并应安设在岩体较完整的部位。当栓塞隔离无效时，应采取移动栓塞、起栓检查、更换栓塞等措施加以处理。栓塞只能上移，其范围不应超过上一次试验的塞位。

高压压水试验流量观测，对于只需测定结构面张开压力的，每隔 1min 观测一次；确定渗透稳定性的每隔 5min 观测一次。试验过程中，应对平洞、附近钻孔、出水点进行水位或流量观测。当出现浑水时，应对出水携带的颗粒进行成分分析。

（4）试验资料整理。

1）试验资料整理包括校核原始记录，绘制 P—Q 曲线和稳压阶段透水率—时间曲线。

2）设有观测孔（洞）时，应绘制试验压力 P 与观测孔（洞）出水量 Q 关系曲线。

3）根据形状，可将 P—Q 曲线分成两类：第一类的有急变段，渗水量 Q 先随压力 P 增大而增大，但当 P 值接近某一值时，Q 值急增，该压力为临界压力；第二类为缓变型的，渗水量 Q 随压力 P 增大而逐渐增大。

4）根据最大曲率和近似双直线法确定临界压力。每级压力维持 5min 的高压压水试验，临界压力即为结构面张开压力。对多循环高压压水试验、分别确定各循环的临界压力，根据各循环的临界压力随循环数的变化，确定稳定临界压力。

5）对第二类的 P—Q 曲线，压力和渗水量之间的关系可用指数函数或其他更合适的双曲函数拟合，拟合函数参数可用最小二乘法计算确定。

6）根据升压阶段 P—Q 曲线的形状以及降压阶段 P—Q 曲线与升压阶段 P—Q 曲线之间的关系，P—Q 曲线分为 5 种类型：A 型（层流型）、B 型（紊流型）、C 型（扩张型）、D 型（冲蚀型）、E 型（充填型）。P—Q 曲线的类型及曲线特点见表 2.3－3。

表 2.3-3　　钻孔压水试验 $P—Q$ 曲线类型及曲线特点

类型名称	A型(层流型)	B型(紊流型)	C型(扩张型)	D型(冲蚀型)	E型(充填型)
$P—Q$ 曲线	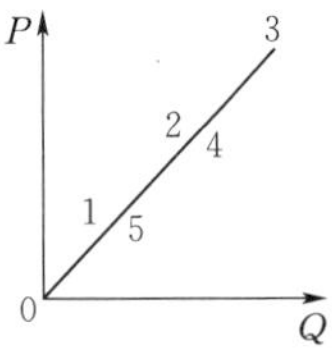	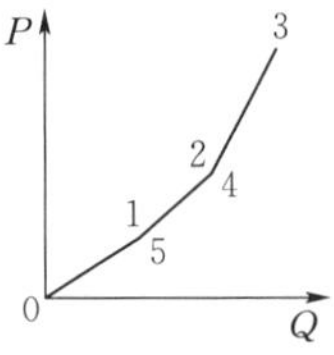	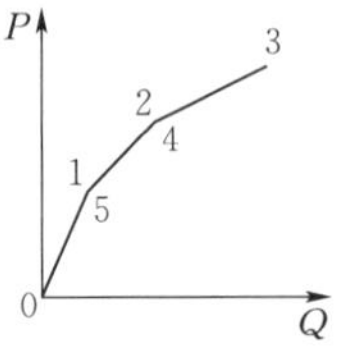	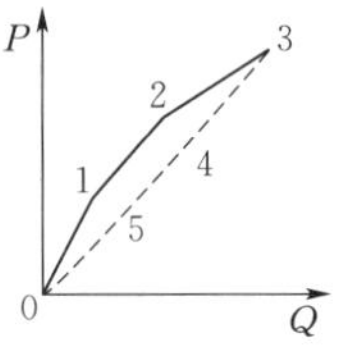	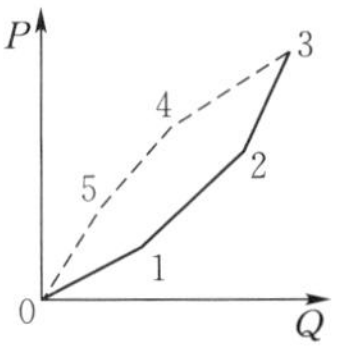
曲线特点	升压曲线为通过原点的直线，降压曲线与升压曲线基本重合	升压曲线凸向 Q 轴，降压曲线与升压曲线基本重合	升压曲线凸向 P 轴，降压曲线与升压曲线基本重合	升压曲线凸向 P 轴，降压曲线与升压曲线不重合，呈顺时针环状	升压曲线凸向 Q 轴，降压曲线与升压曲线不重合，呈逆时针环状

7）设有观测孔（洞）的，根据其出水量与压力关系，判断是否存在临界压力。根据临界压力和渗径计算临界水力坡降。

8）计算试验段与气室工作水头相对应的透水率。

9）高压压水试验试段透水率一般采用最大压力阶段的压力值和流量值按式 2.3-4 计算。分析透水率随压力变化关系时，需计算每个压力段的透水率。

$$q=\frac{Q_{max}}{lP_{max}} \tag{2.3-14}$$

式中：q 为试段的透水率，Lu；l 为试段长度，m；P_{max} 为最大压力阶段的试验压力，MPa；Q_{max} 为最大压力阶段的压入流量，L/min。

2.3.6　水力劈裂试验

气垫式调压室需长期承受高压水头作用，裂隙岩体在高水头压力作用下是否张开，其承载高水头压力的能力如何，直接关系到围岩的稳定性。水力劈裂试验就是为了这一目的而开展的原地测试。

所谓水力劈裂试验，就是逐级升高试验段内的压力，使原生裂隙由其闭合状态逐渐张开的试验过程，其测试方法是选择在裂隙层段上逐级增压测试。在每一压力阶段，都准确地记录其稳定流量，直到该裂隙承受不住水力的作用，原裂隙被迫张开、扩展，这时流量将急剧增大。在流量—压力曲线图上，就可确切地得到流量—压力曲线突变的拐点，该拐点所对应的压力值就是该裂隙的劈裂压力，它标志着该层段岩体抗御水头压力作用的能力。

裂隙岩体的张开压力与节理裂隙的空间展布及原地应力直接相关。水力劈裂试验一般选择在含有裂隙的岩体中进行，其物理基础是裂隙岩体的渗流理论，同时裂隙岩体的渗流行为服从达西定律。在试验过程中，首先向测段施加较低的压力，同时得到流量的稳定值后，再使压力升高一个台阶，并重复上一过程。依此类推，得到一系列稳定压力下的稳定流量值，也就得到了测段压力与流量的关系曲线。开始阶段，压力与流量呈线性关系，裂隙岩体未被水压力张开，渗流速率主要受控于水头压力并遵循达西定律。随着压力逐步增大，当裂隙面由闭合状态转变为张开状态时，流量突然增大，此时，裂隙面法线方向的有效应力与施加的水压力平衡，流量这一突变点对应的压力称为裂隙岩体的张开压力，也即水力劈裂压力，它直接反映了测段处岩体承载水头压力作用的能力。

由于不同测段所包含的节理和裂隙的闭合程度及其空间方位也不尽一致，甚至相差较大，因此得到的劈裂压力也不尽相同，测试结果是对特定测段岩体承载水头作用能力的反映，与测点附近的最小主应力量值不存在必然的对应关系。

水力劈裂试验采用的设备及测试过程与高压压水试验基本相同，与其不同之处是选择裂隙段逐级加压进行试验，压力台阶越小，越有利于提高试验的精度。

2.4 位置及轴线选择研究

从挪威和我国已建气垫式调压室布置情况来看，其位置、形状一般不拘一格、非常灵活，除宜靠近厂房外，对其他建筑物的影响比较小，这为寻找良好地质体进行建设带来便利。气垫式调压室位置、轴线、洞型选择研究，需重点考虑洞室围岩的稳定性和闭水、闭气能力。在满足工程布置、施工、稳定断面等要求基础上，应以洞室稳定和防渗效果好为布置原则。

2.4.1 位置选择研究

（1）地形及埋深条件。在地形条件上要求山体雄厚、完整、稳定，避免深切沟谷和较大的地形起伏。应有一定埋深，有足够的上覆、侧覆岩体厚度，岩体不能因内水压力或内气压力过高致使围岩产生上抬破坏。但也要尽量避免埋置过深，因为埋置过深，不仅会增加与厂房的距离，不利于水击波的反射，影响调节保证性，而且深部的高地应力不利于围岩稳定，遇地热异常和有毒有害气体的可能性增大，还会增加施工运输的难度。

我国自一里、小天都、二瓦槽等在建和拟建气垫式调压室均布置在雄厚、完整山体内，除去覆盖层及全、强风化岩体的最小埋深在 180～440m 之间（表 2.4－1）。最小上覆岩体重力均大于气室设计压力和最大气压。其中，与气室设计压力的安全系数在 1.34～1.81 之间，与最大气压的安全系数在 1.08～1.49 之间。

表 2.4－1　我国已建和拟建气垫式调压室最小埋深及山体抗抬稳定性安全系数

工程	自一里	小天都	金康	木座	阴坪	民治	二瓦槽	龙洞
最小埋深 C_{RM}/m	274	300	440	180	240	195	211	255
气室设计压力/MPa	3.3	3.66	4.65	2.91	2.48	2.38	3.08	2.72
气室最大气压/MPa	3.78	4.48	5.56	3.62	3.07	2.96	3.73	3.36
设计压力下安全系数 F	1.76	1.58	1.81	1.34	1.66	1.50	1.36	1.63
最大气压条件下安全系数 F	1.49	1.28	1.51	1.08	1.34	1.20	1.13	1.32

（2）岩体质量及成洞条件。对于围岩闭气或水幕闭气，围岩质量条件要求较高。应尽量选在岩性均一的坚硬岩石中，围岩自身需具有较高的强度，饱和单轴抗压强度宜在 60MPa 以上。尽量避开软弱岩石、易溶盐岩、膨胀岩、含放射性矿物与有害气体岩层，一般也不能放在软硬岩性交界部位。应选择地质构造简单、岩体较完整部位，无大的断层和软弱结构面分布，尽量避开岩浆岩接触带，以及小断层、挤压带、节理裂隙密集发育部位。岩体宜以块状、厚层状结构为主，围岩以不低于Ⅱ类为主，岩体质量好—较好，具较好的成洞条件和稳定条件，能够抵抗较高的内水压力。

对于罩式闭气，围岩质量条件可适当降低，围岩宜为中硬岩或坚硬岩，以不低于Ⅲ类的较完整的岩体为主。

挪威 10 个气垫式调压室大多建于片麻岩、花岗岩等硬质岩中，个别建于千枚岩或变质砂岩中。我国自一里、小天都、二瓦槽等在建和拟建气垫式调压室均布置于花岗岩、闪长岩、变粒岩、石英岩等坚硬岩中（其中自一里二云母花岗岩夹有二云母石英岩、石英片岩、变质砂岩捕虏体），无大的断层分布，岩体结构以块状—次块状为主，围岩类别以Ⅱ类、Ⅲ类为主（表 2.4－2），岩体质量和成洞条件较好。

表 2.4－2　我国已建和拟建气垫式调压室围岩类别

工程	自一里	小天都	金康	木座	阴坪	民治	二瓦槽	龙洞
岩性	二云母花岗岩（夹捕虏体）	斜长花岗岩	石英闪长岩	变粒岩	似斑状二云母花岗岩	花岗岩	石英岩	斜长花岗岩

续表

工程	自一里	小天都	金康	木座	阴坪	民治	二瓦槽	龙洞
岩体结构	以块状为主，局部次块状	以块状为主，局部次块状	以次块状—镶嵌结构为主	以中—厚层状为主	以块状为主	以块状—次块状为主	块状—次块状	块状—次块状
围岩类别	以Ⅱ类为主	以Ⅱ类、Ⅲ类为主	以Ⅲ类为主	以Ⅲ类为主	以Ⅲ类为主	以Ⅲ类为主	以Ⅲ类为主	以Ⅱ类、Ⅲ类为主
防渗型式	水幕	水幕	钢罩	钢罩	钢罩	钢罩	钢罩	钢罩

(3) 地应力条件。围岩在高压水头作用下，抗劈裂能力如何，直接关系到围岩的稳定性以及闭气、闭水能力。这种抗劈裂能力实质上就是要求岩体不连续面的法向应力必须大于水压力。埋深条件为经验法则，仅考虑岩石重力，实际上许多情况下还存在相当大的构造应力和残余应力。为弥补这种不足，引入了地应力条件，即岩体中的最小主应力应大于调压室内产生的最大气压，并有一定安全系数，以避免产生水力劈裂，造成不能容许的渗漏。

我国自一里、小天都、二瓦槽等在建和拟建气垫式调压室最小主应力在4.42～6.97MPa之间，为气室最大气体压力1.20～2.12倍（表2.4-3），均满足最小主应力条件。

表2.4-3　我国已建和拟建气垫式调压室最小主应力与最大气体压力比值

工程	自一里	小天都	金康	木座	阴坪	民治	二瓦槽	龙洞
最小主应力 σ_3/MPa	4.89	5.39	6.97	4.42	5.33	6.27	6.66	6.21
气室最大气体压力 p_{max}/MPa	3.78	4.48	5.56	3.62	3.07	2.96	3.73	3.36
最小主应力与最大气体压力比值	1.29	1.20	1.25	1.22	1.74	2.12	1.79	1.85

(4) 岩体渗透条件。应尽量布置在水文地质条件简单，岩体渗透性微弱的地段。尽量避开断层、破碎带，以及张性裂隙密集发育带等富水且渗透性大的地段。宜有较高的天然地下水位，或能形成稳定渗流场。

采用围岩闭气和水幕闭气时，高压压水岩体透水率经防渗处理后应分别小于0.1Lu和1.0Lu。采用罩式闭气时，对高压压水岩体透水率要求可适当降低，但也宜小于5Lu，并且对集中的渗漏通道应作专门处理。

挪威岩体天然渗透系数普遍较低，10个气垫式调压室中渗透系数最大的Osad电站为0.5Lu，渗透系数最小的Ulsel电站为0.0001Lu，除其中3个采用水幕外，其余均采用围岩闭气。但在我国，特别是西南地区，区域构造环境复杂，岩体中裂隙均较发育，岩体透水率一般较高，部分透水率在1～5Lu。我国已建的自一里和小天都水电站采用了水幕闭气，金康、木座和阴坪水电站采用了罩式（钢罩）闭气。对不满足渗透要求的洞段和断层、节理裂隙集中发育洞段进行了高压灌浆处理，见表2.4－4。

表2.4－4　我国已建和拟建气垫式调压室围岩高压透水率

工程	自一里	小天都	金康	木座	阴坪	民治	二瓦槽
高压压水试验段数	47	63	43	40	84	27	12
＜1Lu比例/%	40.5	68.3	74.4	90	50	77.4	83.3
1～5Lu比例/%	25.5	14.2	20.9	2.5	15.5	14.6	16.7
＞5Lu比例/%	34	17.5	4.7	7.5	34.5	8	0
防渗型式	水幕	水幕	钢罩	钢罩	钢罩	钢罩	钢罩

2.4.2　轴线选择研究

（1）当岩体结构面比较发育且处于低—中等地应力地区时，气垫式调压室轴线选择应主要考虑岩体结构条件对围岩稳定及闭水、闭气的影响；当岩质坚硬完整，软弱结构面不发育，裂隙短小闭合，性状较好，又处于较高地应力地区时，轴向确定则应以考虑地应力因素为主。

（2）从岩体稳定性方面考虑，气垫式调压室轴向宜与断层、挤压带、岩浆岩接触带，岩层层面及主要裂隙组走向具有较大交角，其夹角不宜小于60°，以减小洞室遭遇构造破碎带的长度和减少不稳定块体的数量和规模，利于洞室顶拱和边墙岩体稳定和施工安全。

（3）从岩体透水透气性方面考虑，如果洞室轴向与主要结构面大角度相交，洞壁揭示的裂隙就越多，对应的洞壁岩体可能产生渗透的通道就越多，不利于灌浆孔布设并影响灌浆效果。气垫式调压室一般布置于岩体质量较好洞段，围岩以Ⅱ类、Ⅲ类为主，洞室基本稳定，结构面对洞室稳定影响不大。采用围岩闭气或水幕闭气时，应偏重于防渗要求选择洞室轴线，尽量使洞室轴向平行于主要结构面或裂隙走向，以增强灌浆效果。采用罩式闭气时，岩体防渗要求适当降低，可从岩体稳定和岩土透水透气性方面综合考虑洞室轴向。

（4）在高地应力区，气垫式调压室长轴方向宜与围岩初始地应力最大主应力方向小角度相交，交角不宜大于30°。但也不宜完全平行最大主应力方向，以免对两侧高端墙围岩稳定不利。分析洞室开挖后边墙和顶拱的二维应力状态，对比洞室高跨比与相同两方向正应力比，若二者一致或接近，洞周不产生或不形成过大的拉应力区，否则应调整轴向或断面形状，使边墙、顶拱处于较好的应力状态。

(5) 气室交通洞、与引水隧洞连接洞、水幕廊道交通洞等轴向宜与气室边墙或端墙垂直或大角度相交，以保证交叉洞段之间有较厚的岩墙，利于岩体稳定性同时，避免沿交通洞形成潜在的渗漏通道，减少封堵工程量。

2.4.3 洞型选择研究

气垫式调压室工作气压一般很高，围岩需承受高内水压力和气压力，从岩体受力条件考虑，洞室断面宜采用圆形、椭圆形或马蹄形等岩体受力条件较好的洞形。但其边墙和顶拱均为曲线，施工较麻烦，尤其是当采用钢罩闭气时，不利于钢板的制作和安装。随着施工方法和工艺的进步，这类断面虽然施工比较复杂，但有利于围岩的稳定，是值得考虑的断面性状。

城门洞形顶部采用拱形，下部采用矩形，直墙平底便于施工，并且围岩应力分布比较合理，集中度不会太高，围岩稳定性也较好，因此对气垫式调压室也具有较好的适应性。我国已建的自一里、小天都、金康等气垫式调压室均采用了这种城门洞形断面。

对于断面的高宽比，若水平地应力大于垂直地应力，或分布有陡倾角软弱结构面时，一般宜采用高度小而宽度大的断面；若垂直地应力大于水平地应力，或分布有缓倾角软弱结构面时，一般宜考虑采用高度大而宽度小的断面。我国已建的自一里、小天都、金康等气垫式调压室断面宽度均为10m左右，高宽比1.5左右。

从围岩应力考虑，当边界应力比岩体强度相对低时，应尽量使洞壁各处的切向压力比较均匀，即尽量使洞顶应力和洞侧应力相等；当原岩应力很高，且不可避免引起围岩的大量屈服甚至破坏时，洞型选择的原则应使超应力岩石区即岩体加固区局限在较小的范围内，便于集中加固处理。

2.5 工程地质评价

气垫式调压室工程地质评价主要包括岩体质量及成洞条件评价、山体抗抬稳定性评价、围岩抗劈裂稳定性评价、围岩抗渗稳定性评价。

2.5.1 岩体质量及成洞条件评价

(1) 研究内容与思路。气垫式调压室岩体质量及成洞条件评价与常规地下洞室相同，主要是依据围岩岩体强度、岩体的结构和完整程度、结构面状态、地下水状态和初始地应力状态等进行围岩分类，评价围岩的整体稳定性和局部稳定性，为围岩支护设计和施工开挖提供地质依据。

其主要研究内容和思路如下：

1）从岩质特性、岩体结构（结构面发育特征、岩体结构类型）、地下水和岩体应力状态等四个方面进行影响围岩稳定性的地质因素分析。对坚硬完整岩体，重点测试研究岩体地应力状态、岩石与岩体的强度，分析高地应力岩体对开挖洞室围岩的影响；对裂隙块状岩体，重点研究各种结构面的发育情况、组合形态，测试物理力学特性，分析其组合块体对围岩的稳定性影响。对层状岩体，重点调查层面构造，测试力学性质的各向异性特征，分析对围岩稳定性的影响。

2）进行围岩工程地质分类，综合分析评价围岩整体稳定性。在预可行性研究阶段，勘探资料较少时，可只进行围岩初步分类。在可行性研究、招标设计和施工详图设计阶段，需根据勘探和开挖揭示情况进行围岩详细分类和分段（区）。围岩分类方法宜采用《水力发电工程地质勘察规范》（GB 50287）中的分类方法，尚可采用其他有关国家标准综合评定，还可采用国际通用的围岩分类方法（如 *Q* 系统分类法、*RMR* 分类法）对比使用。

3）通过块体分析，确定结构面的不利组合，评价围岩局部稳定性。重点研究中陡倾角结构面对边墙、端墙围岩稳定性和缓倾角结构面对顶拱围岩稳定性的不利影响。围岩局部稳定性的计算分析，当围岩应力小，围岩中存在软弱结构面不利组合块体时，只考虑重力作用，进行块体极限平衡分析和关键块体稳定估算。

4）对洞室开挖发生的塌方进行调查研究，分析围岩失稳破坏的控制因素、围岩变形破坏的力学机制及破坏型式。围岩失稳机制类型及破坏型式的划分可参考表 2.5-1。

表 2.5-1　　围岩失稳机制及破坏型式

<table>
<tr><th>失稳机制类型</th><th colspan="2">破坏型式</th><th>力学机制</th><th>岩质类型</th><th>岩体结构类型</th></tr>
<tr><td rowspan="7">围岩强度—应力控制型</td><td rowspan="3">脆性破裂</td><td>岩爆</td><td>压应力高度集中突发脆性破坏</td><td rowspan="3">硬质岩</td><td rowspan="3">块状及厚层状结构</td></tr>
<tr><td>劈裂剥落</td><td>压应力集中导致拉裂</td></tr>
<tr><td>张裂塌落</td><td>拉应力集中导致张裂破坏</td></tr>
<tr><td colspan="2">弯曲折断</td><td>压应力集中导致弯曲拉裂</td><td>硬质岩</td><td>层状、薄层状结构</td></tr>
<tr><td colspan="2">塑性挤出</td><td>围岩应力超过围岩屈服强度，向洞内挤出</td><td>软弱夹层</td><td>互层状结构</td></tr>
<tr><td colspan="2">内挤塌落</td><td>围压释放，围岩吸水膨胀，强度降低</td><td>膨胀性软质岩</td><td>层状结构</td></tr>
<tr><td colspan="2">松脱塌落</td><td>重力及拉应力作用下松动塌落</td><td>软质岩、硬质岩</td><td>散体、碎裂、块裂机构</td></tr>
</table>

续表

失稳机制类型	破坏型式	力学机制	岩质类型	岩体结构类型
弱面控制型	块体滑移塌落	重力作用下块体失稳	硬质岩（弱面组合）	块状及层状结构
混合控制型	碎裂松动	压应力集中导致剪切破碎及松动	硬质岩（结构面密集）	碎裂、块裂、镶嵌结构
	剪切滑移	压应力集中导致滑移拉裂	硬质岩（结构面组合）	块状及层状结构

5）在对软质岩的流变特性、膨胀岩的膨胀特性、易溶盐岩在高压水流条件的溶蚀特性和腐蚀特性等研究的研究上，评价对围岩稳定性的影响，为特殊处理提供依据。

6）在开展岩体及结构面变形和强度试验的基础上，分析变形和强度的试验值，结合围岩工程地质分类和工程地质类比，提出围岩物理力学性质参数地质建议值。

7）根据岩体质量与成洞条件评价结果，提出围岩支护设计和施工开挖建议。

（2）水电围岩工程地质分类。

1）围岩初步分类。根据《水力发电工程地质勘察规范》（GB 50287），围岩初步分类根据岩质类型和岩体结构类型或岩体完整程度等因素进行（表 2.5－2）。岩质类型划分依据岩石饱和单轴抗压强度确定（表 2.5－3）。岩体完整程度划分依据结构面发育情况确定（表 2.5－4）。岩体结构类型的划分依据岩体完整程度和结构面发育情况确定（表 2.5－5）。

表 2.5－2　围岩初步分类

岩质类型	岩体结构类型	岩体完整程度	围岩初步分类	
			类别	说　明
硬质岩	整体状或巨厚层状结构	完整	Ⅰ、Ⅱ	坚硬岩定Ⅰ类，中硬岩定Ⅱ类
	块状结构	较完整	Ⅱ、Ⅲ	坚硬岩定Ⅱ类，中硬岩定Ⅲ类
	次块状结构		Ⅱ、Ⅲ	坚硬岩定Ⅱ类，中硬岩定Ⅲ类
	厚层状或中厚层状结构		Ⅱ、Ⅲ	坚硬岩定Ⅱ类，中硬岩定Ⅲ类
	互层状结构		Ⅲ、Ⅳ	洞轴线与岩层走向夹角小于30°时，定Ⅳ类
	薄层状结构	完整性差	Ⅳ、Ⅲ	岩质均一，无软弱夹层时，可定Ⅲ类
	镶嵌结构		Ⅲ	
	块裂结构		Ⅳ	
	碎裂结构	较破碎	Ⅳ、Ⅴ	有地下水时，定Ⅴ类
	散体结构	破碎	Ⅴ	

续表

岩质类型	岩体结构类型	岩体完整程度	围岩初步分类	
			类别	说明
软质岩	整体状或巨厚层状结构	完整	Ⅲ、Ⅳ	较软岩无地下水时定Ⅲ类，有地下水时定Ⅳ类；软岩定Ⅳ类
	块状或次块状结构	较完整	Ⅳ、Ⅴ	无地下水时定Ⅳ类；有地下水时定Ⅴ类
	厚层、中厚层或互层状结构		Ⅳ、Ⅴ	无地下水时定Ⅳ类；有地下水时定Ⅴ类
	薄层状或块裂结构	完整性差	Ⅴ、Ⅳ	较软岩无地下水时定Ⅳ类
	碎裂结构	较破碎	Ⅴ、Ⅳ	较软岩无地下水时定Ⅳ类
	散体结构	破　碎	Ⅴ	

表 2.5-3　　岩质类型划分

岩质类型	硬质岩		软质岩	
	坚硬岩	中硬岩	较软岩	软　岩
岩石饱和单轴抗压强度 R_b/MPa	$R_b>60$	$60\geqslant R_b>30$	$30\geqslant R_b>15$	$15\geqslant R_b>5$

表 2.5-4　　岩体完整程度划分

岩体完整程度	完整	较完整		完整性差		较破碎	破碎
结构面发育组数	1～2	1～2	2～3	2～3	2～3	>3	无序
结构面间距/cm	>100	100～50	50～30	30～10	<10	<10	
结构面发育程度	不发育	轻度发育	中等发育	较发育	发育	很发育	

注　结构面间距指主要结构面间距的平均值。

表 2.5-5　　岩体结构类型

类型	亚　类	岩体结构特征
块状结构	整体状结构	岩体完整，呈巨块状，结构面不发育，间距大于100cm
	块状结构	岩体较完整，呈块状，结构面轻度发育，间距一般100～50cm
	次块状结构	岩体较完整，呈次块状，结构面中等发育，间距一般50～30cm
层状结构	巨厚层状结构	岩体完整，呈巨厚层状，结构面不发育，间距大于100cm
	厚层状结构	岩体较完整，呈厚层状，结构面轻度发育，间距一般100～50cm
	中厚层状结构	岩体较完整，呈中厚层状，结构面中等发育，间距一般50～30cm
	互层状结构	岩体较完整或完整性差，呈互层状，结构面较发育或发育，间距一般30～10cm
	薄层状结构	岩体完整性差，呈薄层状，结构面发育，间距一般小于10cm
镶嵌结构	镶嵌结构	岩体完整性差，岩块嵌合紧密—较紧密，结构面较发育到很发育，间距一般30～10cm

续表

类型	亚类	岩体结构特征
碎裂结构	块裂结构	岩体完整性差，岩块间有岩屑和泥质物充填，嵌合中等紧密—较松弛，结构面较发育到很发育，间距一般30～10cm
	碎裂结构	岩体较破碎，岩块间有岩屑和泥质物充填，嵌合较松弛—松弛，结构面很发育，间距一般小于10cm
散体结构	碎块状结构	岩体破碎，岩块夹岩屑或泥质物，嵌合松弛
	碎屑状结构	岩体极破碎，岩屑或泥质物夹岩块，嵌合松弛

2）围岩详细分类。根据《水力发电工程地质勘察规范》（GB 50287），围岩详细分类是在围岩初步分类和工程地质分段的基础上，以控制围岩稳定的岩石强度、岩体完整度、结构面状态、地下水和主要结构面产状等五项因素之和的总评分为基本判据，围岩强度应力比为限定判据进行分类（表2.5-6）。岩石强度评分依据岩石饱和单轴抗压强度确定（表2.5-7）。岩体完整程度评分依据岩体完整性系数确定（表2.5-8）。结构面状态依据结构面张开度、充填物、起伏粗糙状况确定（表2.5-9）。地下水状态评分依据水量或压力水头确定（表2.5-10）。主要结构面产状评分依据结构面走向与洞轴线夹角和结构面倾角确定（表2.5-11）。水电围岩工程地质分类方法不适用于埋深小于2倍洞径或跨度的地下洞室和特殊土、喀斯特洞穴发育地段的地下洞室。极高地应力区（$\sigma_m \geqslant 40$MPa、$R_b/\sigma_m < 2$）和极软岩（$R_b \leqslant 4$MPa）中的围岩分类，可根据实际情况进行专门研究。

表2.5-6　　围岩详细分类

围岩类别	围岩总评分 T	围岩强度应力比 S
Ⅰ	$T>85$	>4
Ⅱ	$85 \geqslant T>65$	>4
Ⅲ	$65 \geqslant T>45$	>2
Ⅳ	$45 \geqslant T>25$	>2
Ⅴ	$T \leqslant 25$	

注　1. Ⅰ类、Ⅱ类、Ⅲ类、Ⅳ类围岩，当其强度应力比小于本表规定时，围岩类别宜相应降低一级。

2. 围岩强度应力比 S 可根据下式求得：

$$S=\frac{R_b K_V}{\sigma_m}$$

式中：R_b 为岩石饱和单轴抗压强度，MPa；K_V 为岩体完整性系数，为岩体的纵波波速与相应岩石的纵波波速之比的平方；σ_m 为围岩的最大主应力，MPa，当无实测资料时可以自重应力代替。

表 2.5-7　　**岩石强度评分**

岩质类型	硬质岩		软质岩	
	坚硬岩	中硬岩	较软岩	软岩
饱和单轴抗压强度 R_b/MPa	$R_b>60$	$60\geqslant R_b>30$	$30\geqslant R_b>15$	$15\geqslant R_b>5$
岩石强度评分 A	30～20	20～10	10～5	5～0

注　1. 岩石饱和单轴抗压强度大于100MPa时，岩石强度的评分为30。

2. 当岩体完整程度与结构面状态评分之和小于5时，岩石强度评分大于20的，按20评分。

表 2.5-8　　**岩体完整程度评分**

岩体完整程度		完整	较完整	完整性差	较破碎	破碎
岩体完整性系数 K_V		$K_V>0.75$	$0.75\geqslant K_V>0.55$	$0.55\geqslant K_V>0.35$	$0.35\geqslant K_V>0.15$	$K_V\leqslant 0.15$
岩体完整性评分 B	硬质岩	40～30	30～22	22～14	14～6	<6
	软质岩	25～19	19～14	14～9	9～4	<4

注　1. 当 $60\text{MPa}\geqslant R_b>30\text{MPa}$，岩体完整性程度与结构面状态评分之和大于65时，按65评分。

2. 当 $30\text{MPa}\geqslant R_b>15\text{MPa}$，岩体完整性程度与结构面状态评分之和大于55时，按55评分。

3. 当 $15\text{MPa}\geqslant R_b>5\text{MPa}$，岩体完整性程度与结构面状态评分之和大于40时，按40评分。

4. 当 $R_b\leqslant 5\text{MPa}$，属极软岩，岩体完整性程度与结构面状态不参加评分。

表 2.5-9　　**结构面状态评分**

结构面状态	张开度 W/mm	闭合 $W<0.5$		微张 $0.5\leqslant W<5.0$									张开 $W\geqslant 5.0$	
	充填物	—		无充填			岩屑			泥质			岩屑	泥质
	起伏粗糙状况	起伏粗糙	平直光滑	起伏粗糙	起伏光滑或平直粗糙	平直光滑	起伏粗糙	起伏光滑或平直粗糙	平直光滑	起伏粗糙	起伏光滑或平直粗糙	平直光滑	—	—
结构面状态评分 C	硬质岩	27	21	24	21	15	21	17	12	15	12	9	12	6
	较软岩	27	21	24	21	15	21	17	12	15	12	9	12	6
	软　岩	18	14	17	14	8	14	11	8	10	8	6	8	4

注　1. 结构面的延伸长度小于3m时，硬质岩、较软岩的结构面状态评分另加3分，软岩另加2分；结构面延伸长度大于10m时，硬质岩、较软岩的结构面状态评分减3分，软岩减2分。

2. 当结构面张开度大于10mm，无充填时，结构面状态的评分为零。

表 2.5－10　　地下水状态评分

活动状态			渗水滴水	线状流水	涌水
水量 q(L/min·10m 洞长) 或压力水头 H/m			$q\leqslant 25$ 或 $H\leqslant 10$	$25<q\leqslant 125$ 或 $10<H\leqslant 100$	$q>125$ 或 $H>100$
基本因素评分 T'	$T'>85$	地下水评分 D	0	0～－2	－2～－6
	$85\geqslant T'>65$		0～－2	－2～－6	－6～－10
	$65\geqslant T'>45$		－2～－6	－6～－10	－10～－14
	$45\geqslant T'>25$		－6～－10	－10～－14	－14～－18
	$T'\leqslant 25$		－10～－14	－14～－18	－18～－20

注　基本因素评分 T' 系前述岩石强度评分 A、岩体完整性评分 B 和结构面状态评分 C 的和。

表 2.5－11　　主要结构面产状评分

结构面走向与洞轴线夹角		90°～60°				<60°～30°				<30°			
结构面倾角		>70°	70°～45°	<45°～20°	<20°	>70°	70°～45°	<45°～20°	<20°	>70°	70°～45°	<45°～20°	<20°
结构面产状评分 E	洞顶	0	－2	－5	－10	－2	－5	－10	－12	－5	－10	－12	－12
	边墙	－2	－5	－2	0	－5	－10	－2	0	－10	－12	－5	0

注　按岩体完整程度分级为完整性差、较破碎和破碎的围岩不进行主要结构面产状评分的修正。

3）围岩工程地质分类评价。围岩工程地质分类评价应符合表 2.5－12 的要求。

表 2.5－12　　围岩工程地质分类评价

围岩类别	围岩稳定性评价	建议永久支护类型
Ⅰ	稳定。 围岩可长期稳定，一般无不稳定块体	不支护或局部锚杆或喷薄层混凝土。 大跨度时，喷混凝土，系统锚杆加钢筋网
Ⅱ	基本稳定。 围岩整体稳定，不会产生塑性变形，局部可能产生组合块体失稳	
Ⅲ	局部稳定性差。 围岩强度不足局部会产生塑性变形，不支护可能产生塌方或变形破坏。完整的较软岩，可能短时稳定	喷混凝土，系统锚杆加钢筋网。大跨度时，并加强柔性或刚性支护
Ⅳ	不稳定。 围岩自稳时间很短，规模较大的各种变形和破坏都可能发生	喷混凝土，系统锚杆加钢筋网，并加强柔性或刚性支护，或浇筑混凝土衬砌
Ⅴ	极不稳定。 围岩不能自稳，变形破坏严重	

注　大跨度地下洞室指跨度大于 20m 的地下洞室。

2.5.2 山体抗抬稳定性评价

(1) 研究内容与思路。气垫式调压室具有高的内气压力和内水压力，为避免山体产生上抬破坏，需进行山体抗抬稳定性评价。

其主要研究内容与思路如下：

1) 查明气垫式调压室布置区地形地貌特征、沟谷分布、切割深度及山体完整程度，研究地形条件对气垫式调压室布置的影响。

2) 查明气垫式调压室布置区上覆岩体（含第四系覆盖层）厚度，岩体风化、卸荷特征和深度。

3) 根据埋深经验，进行气垫式调压室山体抗抬稳定性评价。

4) 根据评价结果，结合工程布置、施工、投资及运行条件，初步拟定气垫式调压室位置。

(2) 埋深条件评价。目前关于气垫式调压室山体抗抬稳定性评价，国内外大多采用埋深经验。即气垫式调压室应有足够的埋深，其最小上覆岩体重力应大于气室设计压力和最大气压，并有一定安全系数。

根据《水电站气垫式调压室设计规范》（NB/T 35080—2016），气垫式调压室上覆岩体厚度（图 2.5-1）应满足经验公式（2.5-1）。此外，埋深厚度确定后，应复核气垫式调压室在最大气压条件下的埋深，此时 F 宜大于 1.1。

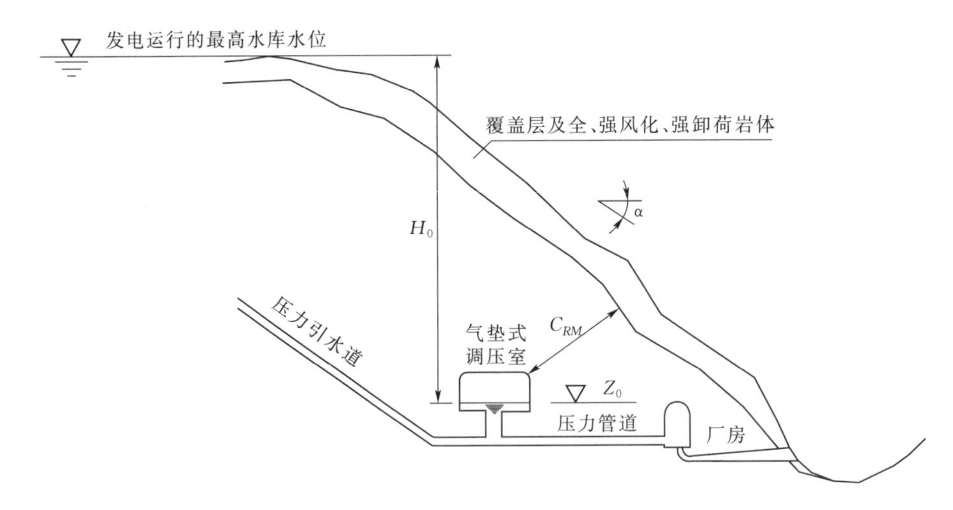

图 2.5-1 气垫式调压室上覆岩体厚度示意图

$$C_{RM} \geqslant \frac{H_0 \gamma_w F}{\gamma_R \cos\alpha} \tag{2.5-1}$$

式中：C_{RM} 为除去覆盖层及全、强风化岩体的最小埋深厚度，m；H_0 为气垫式调压室设计压力，m；γ_w 为水的重度，N/m^3；γ_R 为岩体的重度，N/m^3；α 为地形边坡平均倾角（°），当 $\alpha>60°$时，取 $\alpha=60°$；F 为经验系数，一般取 1.3～1.5。

经验系数 F 可根据不同的地形地质条件选取。挪威地质条件普遍比较好，F 一般取大于 1 就认为是可行的了。我国地质条件复杂，地形地质差异性比较大，要求比较高，早期曾认为扣除覆盖层及全、强风化岩体后，F 取 1.1～1.3 可以满足要求。后来通过一定的工程经验，《水电站气垫式调压室设计规范》（NB/T 35080—2016）仍然推荐取 1.3～1.5，这是比较稳妥的、偏安全的做法。

2.5.3 围岩抗劈裂稳定性评价

（1）研究内容与思路。气垫式调压室围岩抗劈裂稳定性评价主要是查明研究区岩体地应力量级、方向和裂隙岩体水力劈裂压力，评价围岩在高内水压力和高内气压力作用下抵抗水力劈裂和气压劈裂破坏的能力，为气垫式调压室位置选择和围岩灌浆处理提供依据。其主要研究内容与思路如下：

1）综合区域地质构造应力分析、地形地貌分析和上覆岩体厚度等，初步估计气垫式调压室布置区岩体地应力量级。

2）调查平洞中发生的围岩岩爆、劈裂和钻孔岩芯饼裂等现象，进行岩体地应力分级和岩爆判别。

3）进行现场水压致裂法地应力测试，查明岩体地应力量级、方向等，分析与构造应力和自重应力的关系。

4）根据地应力实测成果，回归分析气垫式调压室布置区的地应力场，并进行岸坡及谷底岩体地应力状态的分带（区）。

5）根据岩体地应力测试、地应力场分析，结合对高地应力现象的地质分析、区域地质构造应力分析、地形地貌分析等，综合确定地应力的量级和方向。

6）选择代表性节理裂隙发育孔段，开展水力劈裂试验。在分析测试段的地质条件后，确定裂隙岩体的抗劈裂参数。

7）根据最小主应力条件并结合水利劈裂试验成果，评价气垫式调压室围岩抗劈裂稳定性。

（2）地应力条件评价。埋深条件为经验法则，仅考虑岩石重力，实际上许多情况下还存在相当大的构造应力和残余应力。因此，为弥补这种不足，引入了地应力条件，即岩体中的最小主应力 σ_3应大于调压室内产生的最大气压 $p_{\max}$，并有一定安全系数。

根据《水电站气垫式调压室设计规范》（NB/T 35080—2016），气垫式调压室岩体最小主应力σ_3应满足如下经验公式（2.5-2）。当地应力无法满足式（2.5-2）时，应进行专门论证。

$$\sigma_3 \geqslant (1.2 \sim 1.5)\gamma_w p_{max} \tag{2.5-2}$$

式中：σ_3 为岩体最小主应力，N/m^2；γ_w 为水的重度，N/m^3；p_{max} 为气室内最大气体压力，以水头表示，m。

当最小主应力σ_3不能满足要求时，须进行气垫式调压室围岩抗渗稳定性及整体抗劈裂稳定性和局部抗劈裂稳定性的综合研究，在施工中进行大范围的高压固结灌浆处理，以提高岩体的抗劈裂破坏能力。

2.5.4 围岩抗渗稳定性评价

（1）研究内容与思路。气垫式调压室围岩抗渗稳定性评价是通过钻孔高压压水试验查明岩体的渗透特性，评价岩体的闭气性及渗漏量，为气垫式调压室防渗型式选择、防渗处理、水幕廊道设置、补水和补气量的估算提供依据。其主要研究内容和思路如下：

1）查明洞室区地下水的基本类型、水位、水压、水量，划分含水层与相对隔水层，估算外水压力，并结合地下水的露头（泉），分析各含水层的补给、径流与排泄条件，划分水文地质单元。

2）重点查明断层破碎带、节理裂隙密集带、张性结构面等强透水带在洞室区分布和性状，特别是开挖面与交通洞和地表的连通性，评价其对工程防渗的影响。

3）利用勘探平洞或施工支洞进行钻孔高压压水试验，查明岩体各方向的渗透性，并进行渗透性分区。对于完整—较完整岩体，渗透主要沿结构面进行，岩体各方向渗透性往往随主要结构面的优势方向而表现出一定的差异。

4）在取得工程区水文地质结构、边界条件、水文地质参数及地下水位长期观测的基础上，建立水文地质概化模型，进行洞群区天然状态、施工开挖及运行期地下水渗流场数值分析和研究。

5）根据围岩地质条件、钻孔高压压水试验、地下水渗流场分析成果，综合确定围岩和主要结构面的渗透和渗透变形参数，为气垫式调压室位置选择及防渗设计提供依据。

（2）渗透性条件评价。气垫式调压室应选择在岩体透水性微弱、裂隙不发育或闭合连通性差的位置布置。根据《水电站气垫式调压室设计规范》（NB/T 35080—2016），气垫式调压室区域宜有较高的天然地下水位，或能形成稳定渗流场，高压压水试验岩体透水率宜小于5Lu。这是由于我国已建气垫式调压室围岩高压压水试验大部分试验段透水率小于5Lu，故该规范采用5Lu作为围岩整体渗透性控制指标。

考虑到采用围岩闭气和水幕闭气的气垫式调压室对围岩整体透水率的要求严格得多，总结国内外工程经验，针对围岩闭气、水幕闭气、罩式闭气 3 种防止气室内气体渗漏型式提出下列围岩渗透性准则。

1）围岩闭气：围岩本身渗透性低，为了能将空气损失保持在允许范围内，除了对气垫式调压室围岩进行水泥和化学灌浆以降低岩体渗透性外，气垫式调压室的位置应选择在较大范围内稳定的天然地下水压力大于设计气体压力的部位，且经过防渗处理的岩体渗透性指标应控制在 $q \leqslant 0.1$Lu。

2）水幕闭气：围岩本身渗透性较低，但该部位的水文地质条件不符合“稳定的地下水压力大于设计气体压力”的标准，需要在气室围岩内布置水幕室和一系列水幕孔，并充以高压，在气室外围形成连续的闭气水幕。水幕及调压室周围岩体渗透性指标经处理后应控制在 $q \leqslant 1$Lu。

3）罩式闭气：围岩本身渗透性较高，“水幕闭气”漏水量大，超压不易形成，难以达到闭气效果，故需在气室的边顶拱周围形成连续、封闭的罩体，将气体与围岩隔离。罩的材料可以是钢板和软式闭气材料。通过罩式防渗的岩体渗透性指标应控制在 $q \leqslant 5$Lu，对集中的渗漏通道应作专门处理。

2.6 施 工 地 质

气垫式调压室在施工期一般需要对围岩进行加固和防渗处理，有时甚至需对位置、轴线等进行优化设计。因此，在前期勘察设计工作基础上，施工期的地质工作显得尤为重要。

2.6.1 施工地质工作

气垫式调压室施工地质工作的主要内容是收集施工过程中揭露的地质情况，特别是影响围岩稳定和抗渗防漏方面的资料，检验和复核前期地质勘探成果，预测、预报可能出现的地质问题，参与洞室围岩的评价和验收，提出围岩处理措施和优化设计建议。

施工地质工作自工程筹建施工起至竣工验收止，贯穿于工程施工的全过程。一般可分为开挖期和最终断面形成后两期进行，当采用全断面施工时，可一次完成。两个期间的施工地质工作是互相联系的。

施工地质工作的主要方法可采用地质巡视、观察、素描、实测、摄影、录像，以及必要的现场测试和补充勘探试验等。施工地质工作应及时、准确，力求全面记录施工期揭露的主要地质现象和不良地质问题的处理情况。

（1）紧随施工开挖，巡视、记录施工情况。主要内容包括施工开挖进度，施工程序、方法、工艺及其对围岩的影响；地下水出露位置和出露型式；片帮、岩爆等高地应力现象；围岩松弛、不稳定块体等变形破坏现象的发展变化情况，特别是注意主洞与连接洞、交通洞等交叉口的稳定情况；围岩稳定支护及防渗加固处理措施的实施情况等。

（2）编录和测绘施工开挖揭露的各种地质现象。编录和测绘随导洞开挖或扩挖进行，比例尺可选用1∶200～1∶50，开挖断面形成后，应将编录、测绘资料汇编成洞室展示图。编录和测绘的内容主要包括地层岩性及分布、岩体结构特征及完整性、各类结构面的发育和分布情况等。在编录过程中，应侧重于收集影响岩体防渗性方面资料。对断层破碎带、软弱结构面、长大裂隙、锈染裂隙、裂隙密集带应在展示图上专门标注和说明，特别是对张性裂隙的延伸长度、张开度、锈面裂隙、渗水情况应作专门性的调查、统计和分析。

（3）必要时，进行试验和测试工作。施工期间，视需要采集代表性岩石标本、断层构造岩、软弱层（带）物质、岩脉、蚀变岩、特殊岩土等保存备查。在洞室开挖过程中，根据具体情况进行围岩弹性波检测和其他简易测试（点荷载强度、回弹值）等。并根据需要布置室内岩石物理力学试验、围岩变形模量、抗剪强度、地应力测试、水质分析、有害气体测试分析、围岩松动范围测试、渗透性测试等复核性试验。

（4）进行施工地质预测预报。根据开挖揭露的围岩地质情况及前期勘察成果，及时进行地质预测预报。预报内容一般包括未开挖洞段的基本地质条件、围岩类型和可能出现的工程地质问题；可能出现坍塌、崩落、岩爆、突水、有害气体等不良地质现象的位置、规模及发展趋势；并在基础上，提出支护、处理和安全措施的建议，为施工开挖和可能的设计变更提供信息。

（5）进行围岩工程地质评价与验收。根据开挖揭示的围岩地质情况，复核围岩工程地质分类和工程地质分段。参与围岩验收，检查工程地质条件不良洞段的加固处理情况，特别注意检查交通洞、勘探洞（井、孔）回填封堵情况，填写地质意见。

（6）施工地质资料整理、归档。施工地质资料是工程设计和建设的重要基础资料，特别是当施工期和运行期围岩出现异常现象或出现较大漏水、漏气现象，需要分析和查询原因时，施工地质资料是重要的依据之一。因此施工地质工作期间和结束后应及时整编各项原始资料，建立《施工地质日志》，编写单项工程验收地质说明书、工程安全鉴定地质自检报告、竣工地质报告等，并做好资料归档工作。竣工地质报告应突出开挖后的实际地质条件、围岩评价、不良地质问题的处理情况，并与前期勘察成果进行对比分析，总结经验教训。

2.6.2 围岩处理地质工作

围岩处理的地质工作主要是根据前期勘察中查明的主要工程地质问题和开挖揭示的不良地质现象进行分析，结合气垫式调压室抗渗防漏的要求和环境条件，提出支护处理措施的建议，参与围岩处理方案的研究，并根据检测和监测成果，配合设计对处理效果作出评价。

施工开挖揭露的一般性不良地质问题，可通过施工地质工作与设计工作配合，结合施工开挖一并研究处理。但当遇到一些前期勘察中不可预见的、没有查明或研究深度不够的复杂地质问题，导致围岩和处理工程量发生较大变化，甚至可能引起洞室位置、轴线、防渗型式变更等，应进行专门性勘察或补充勘察。

（1）围岩支护设计调整研究。通过收集和综合利用各种勘察、检测、监测资料及施工地质成果，不断修正、复核围岩工程地质分类及围岩工程地质分段，最终核定围岩工程地质分类及物理力学性质参数，提出围岩支护设计调整的建议，配合设计通过边墙、顶拱应力变形（位移）监测及围岩的松弛圈测试对支护效果作出评价。

（2）围岩局部加固处理的研究。根据开挖揭示的岩体结构条件，应用赤平极射投影图（或极点图）进行结构面组合与空间关系的分析，确定不利结构面组合。特别注意与洞轴线夹角小于30°的中陡倾角结构面在边墙切割情况以及缓倾角结构面在顶拱出露情况，预测各部位围岩的局部稳定性。针对结构面不利组合块体，提出对围岩局部加固处理的建议。

（3）围岩防渗处理研究。调查、分析断层破碎带、软弱结构面、长大裂隙、锈染裂隙、裂隙密集等的分布和性状，对影响渗透稳定的软弱结构面进行复核性的岩体物理力学与渗透性试验，为围岩固结灌浆、裂隙灌浆设计提供详细资料。结合固结灌浆试验，进行岩体渗透性复核测试，进一步查明洞壁岩体的透水性。配合设计通过加固后检测及运行期监测对防渗处理效果作出评价。

（4）探洞及施工交通洞封堵研究。梳理、分析前期和施工期的平洞、钻孔位置及与气室、水幕关系，为探洞封堵提供依据。根据开挖揭示情况，复核气室交通洞、水幕廊道交通洞等堵头段工程地质条件，为封堵设计提供依据。

2.6.3 围岩监测地质工作

施工期和运行期的围岩地质环境将发生变化，通过监测及其资料分析，能了解洞室区水文地质、工程地质条件的变化和发展趋势，验证前期勘察的地质结论和施工处理的效果，是优化设计和保证施工及工程安全运行的重要依据。

施工期，应根据施工开挖揭示的围岩工程地质条件和稳定状态，提出围岩变形和渗漏监测的意见和建议。监测内容一般包括：边墙、顶拱应力变形（位移）及底板回弹隆起监测；围岩的声波测试及松弛圈测试；岩爆发生的微震监测；地下水动态（水位、水压、流量、水质）监测；围岩加固处理措施效果检测；围岩防渗处理措施效果检测等。

根据围岩监测资料，获得有关围岩稳定性支护效果和围岩防渗处理效果方面的动态信息，评价洞室围岩稳定性和抗渗性，提出支护设计优化的建议。

第3章　调压室布置及结构设计

3.1　工作原理及设置条件

气垫式调压室是一种在岩体内由岩壁和水面围成的封闭式气室，并利用气室内高压空气形成“气垫”来抑制室内水位高度和水位波动幅值的性能优越的水锤和涌波控制设备，其工作原理与常规调压室大致相同，但常规调压室上部与大气相通，室内水面压力始终与大气压相同，因而当电站负荷调整时，水面升降幅度较大，调压室体积也相应较大；而气垫式调压室，上部呈封闭状态并充以压缩空气，其液面承受较高压强，当电站丢弃负荷时，随着调压室内水位上升，上部空气被进一步压缩，水面承受的压强继续增高，使水位上升受到的抑制作用越来越强，因而气垫式调压室的水面升幅较小；当电站增加负荷时情况则相反，气垫式调压室水位降幅亦较小。由于气垫式调压室水面升降幅度均较小，其体积也相应比常规调压室小。

水电站压力水道需设置调压室时，是否采用气垫式调压室方案，需结合地形、地质、工程布置、施工、环境影响、工程量、投资及运行等因素进行技术经济综合比较后确定，对有较高环境要求的高水头中小型水电站可优先选用。

3.1.1　围岩完整性条件

气垫式调压室应利用围岩承担内水或气体压力，围岩宜为中硬岩或坚硬岩，以不低于Ⅲ类的较完整的岩体为主。

3.1.2　埋深条件

气垫式调压室最小上覆岩体厚度（如图2.5－1所示）应满足经验公式(2.5－1)，并应复核最大气室压力条件下的最小上覆岩体厚度。

3.1.3　最小地应力条件

气垫式调压室岩体最小主应力 σ_3 应满足下列经验公式，当无法满足时，应进行专门论证。

$$\sigma_3 \geqslant (1.2 \sim 1.5)\gamma_w P_{max} \qquad (3.1-1)$$

式中：σ_3为岩体最小主应力，N/m^2；γ_w 为水的重度，N/m^3；P_{max}为气室内最大气体压力水头，m。

3.1.4 渗透性条件

气垫式调压室区域宜有较高的天然地下水位，或能形成稳定渗流场。设计压力下高压压水岩体透水率宜小于 5Lu。

3.2 位置选择及断面设计

3.2.1 位置选择

气垫式调压室的布置设计主要是选择隧洞线路及气垫室的位置，拟定气垫室的主要尺寸及断面形状。气垫式调压室的工作气压一般都很高，其洞室一般采用不衬砌或锚喷支护，故气垫式调压室所处围岩自身应有足够的强度以承受高内水压力及气压力。挪威 10 个气垫式调压室大多建于片麻岩、花岗岩等硬质岩中，个别建于千枚岩或变质粉砂岩中。为了满足洞室的稳定性和阻水阻气性要求，必须考虑与位置相关的地形和地质条件。地形条件要求地形完整、山体雄厚；地质条件要求围岩完整、坚硬、致密，从而不会因气垫式调压室的水压力和气压力致使围岩变形及渗漏，这实质上就是要求岩体不连续面的法向应力必须大于水压力。反之，不连续面可产生水力劈裂，造成不能允许的渗漏。

气垫室的位置应尽量靠近厂房，对水击波的反射比较有利，但由于地质条件或其他条件的制约，有时不得不选在离厂房较远而地质条件较好的地段。挪威已建 10 座气垫室离水轮机的距离最近的为 150.0m，最远的为 1300.0m。若按距离与电站水头之比，最小为 0.17，最大为 5.12，一般为 0.7～1.2 之间。在挪威，气垫室的高程一般接近厂房所在高程，这样便于施工与检修。个别电站的气垫室，其所在高程略高于厂区洞室的高程，例如 Kvjlldal 电站，其气垫室高于厂房安装高程约 100m。自一里电站为我国第一个气垫式调压室的工程，考虑当气垫室位置越高，稳定断面越小，最大气体压力越小，对围岩、空压机和水泵的要求越低，采用了气垫室高于厂房安装高程约 150m 的“高调”方案。国内外电站气垫式调压室布置特性见表 3.2-1。

表 3.2-1 国内外电站气垫式调压室布置特性表

气垫式调压室电站名	岩石类型	额定水头/m	引水隧洞长/m	最大气垫水头与最小岩石埋深之比	水力劈裂安全系数	至水轮机距离/m	备注
Driva	条带片麻岩	570	**	0.5	4.0	1300	已建
Jukla	花岗片麻岩	180	**	0.7	2.6	680	
Oksia	花岗片麻岩	465	3580	1	1.9	350	
Sima	花岗片麻岩	1158	7390	1.1	2.2	1300	
Osa	片麻状花岗岩	205	13000	1.3	2.0	1050	
Kvilldal	混合片麻岩	537	2800	0.8	3.3	600	
Tafjord	条带片麻岩	897	12000	1.8	1.0	150	
Brattset	千枚岩	274	**	1.6	1.7	400	
Ulset	云母片麻岩	338	**	1.1	2.3	360	
Torpa	变质粉砂岩	475	9300	2	1.2	350	
自一里	二云母花岗岩（含捕虏体）	470	9408	1.05	1.51	450	
小天都	斜长花岗岩	358	6030	0.98	1.44	470	
金康	晋宁—澄江期石英闪长岩	498	16471	1.09	1.35	650	
木座	浅变质岩	263	11937	1.43	1.48	320	
阴坪	二云母花岗岩	247	8945	1.73	1.74	300	

注 ** 表示无数据。

3.2.2 断面设计

（1）水力计算。挪威 R. Svee 教授对含气垫式调压室水力系统的小波动稳定性进行了深入研究，导出如下气垫式调压室临界稳定断面积 $A_{气}$：

$$A_{气}=A_{th}(1+1.4P_0/h_0) \tag{3.2-1}$$

式中：A_{th} 为常规调压室托马临界稳定断面积，m^2；P_0 为气垫式调压室内的初始气压，m；h_0 为气垫式调压室内初始气体高度，m。

由式（3.2-1）确定的调压室水面面积 $A_{气}$ 满足了小波动稳定的要求。为了保证安全，调压室的水面面积取 $A=KA_{气}$，其中 K 为安全系数。挪威 8 个气垫式调压室的安全系数 K 在 3.86～1.12 之间，8 个工程的平均稳定安全系数为 1.57。

通过对常规开敞式和气垫式两种型式调压室临界稳定断面面积的计算公式和计算结果的比较分析，揭示了两种型式调压室在小波动稳定机理上的本质差别，提出并论证了气垫式调压室临界稳定气体体积概念及其作为含气垫式调压室的水电站引水发电系统小波动稳定设计控制参数的科学性。

在“托马假定”条件下，能够满足电站在各种设计允许工况下正常稳定发电运行的室内最小气体体积即气垫式调压室托马临界稳定气体体积：

$$V_{TH}=\frac{m\ (H_{U\max}-Z_{w0}+h_{a0})\ \sum Lf}{2g\alpha\ (H_{U\max}-H_D-2h_{wm0})} \tag{3.2-2}$$

式中：V_{TH}为气垫式调压室托马临界稳定气体体积，m^3；$H_{U\max}$为电站水库最高水位；H_D为与$H_{U\max}$相对应的电站最高尾水位；Z_{w0}为在电站停机情况（包括允许漏气后的情况）下气垫式调压室内正常允许出现的最高设计水位；h_{a0}为当地大气压，即$h_{a0}=p_{a0}/\gamma$；m为理想气体多变指数，建议取$m=1.4$；α为引水隧洞的最小水头损失系数，$\alpha=h_{w0}/v^2$，这里v是引水隧洞内的水流流速，h_{w0}是调压室上游引水隧洞的最小水头损失；h_{wm0}为调压室下游引水管道的最大水头损失；L、f为隧洞长度，m和断面面积，m^2。

气垫式调压室稳定气体体积安全系数K_V为

$$K_V=V_{air0}/V_{TH} \tag{3.2-3}$$

式中：V_{air0}为气垫式调压室内实际气体体积。

当含气垫式调压室的水电站引水发电系统的布置和运行工况参数确定后，能够描述引水发电系统小波动稳定性的主要特征参数是其室内的气体体积，同时，该参数也是决定气垫式调压室体型结构的一个主要设计控制参数。气垫式调压室临界稳定气体体积与在电站停机情况（包括允许漏气后的情况）下气垫式调压室内正常允许出现的最高设计水位Z_{w0}有关。气室内初始气压和初始气体高度是由Z_{w0}来确定的。自一里、小天都、金康、木座K_V实际取值分别为2.37、1.27、1.35、1.31，考虑目前我国对气垫式调压室设计缺乏经验，建议气垫式调压室稳定气体体积安全系数采用1.2～1.5。

气垫式调压室稳定气体体积应满足调压室压力上升、压力管道压力上升和机组速率上升在合理的范围内，并考虑围岩的最小主应力等因素。

确定了气垫式调压室稳定气体体积后，要确保运行要求，还得通过调压室大、小波动稳定性的精确模拟计算。

气垫式调压室的大波动稳定计算和常规调压室计算略有差别。常规调压室是两个方程式，即连续方程与运动方程，而气垫式调压室要再加一个气态方程，则基本方程为

$$Q=fv+F\mathrm{d}z/\mathrm{d}t \tag{3.2-4}$$

$$H_2-(P+Z)=h_w+L_1(\mathrm{d}v/\mathrm{d}t)/g \tag{3.2-5}$$

$$P=P_0(V_0\Delta_0/\Delta)^m \tag{3.2-6}$$

众所周知，上述式（3.2-4）为连续方程；式（3.2-5）为运动方程，该式左端加上一项P，为气室中绝对气压；式（3.2-6）为气态方程，此处P_0为稳定流动时绝对初始压力，V_0为相应的气室内气体体积；m为指数。气室调压室封闭气室内的气体特性常采用理想气体的多变状态方程描述：$PV^m=$常数，其中P、V为气

体绝对压力和体积，m 为多变指数，等温过程 $m=1.0$，绝热过程 $m=1.4$。实际上，封闭气室内的气体特性介于等温过程和绝热过程之间，即 $m=1.0\sim1.4$。实际工程中以策安全，在计算调压室最高、最低水位控制时，宜取 $m=1.0$；在计算引水道最大内水压力和气室内最大气压控制时，宜取 $m=1.4$。

上述计算可借助于电子计算机来实现，已有典型的计算程序。

计算工况和常规调压室基本一样，计算结果为各种工况下调压室内最高水位、最高气压、最低水位、最低气压，以及各种工况下波动衰减过程。上游气室涌浪计算结果表明，室内水位波动的振幅是很小的，一般只有 1.0～2.0m。挪威 10 个气室内最低及最高气压之差，除 Jukla 电站较大外，一般都不太大，只有电站水头的 5%～15%。和常规调压室一样，气室下涌浪的最低水位亦应高出气室底板 1.0～2.0m 以上，以免高压空气进入水道系统。所不同的是，气室内高压空气万一进入水道系统，其后果比常规调压室要严重得多，因此一定要绝对避免。气垫式调压室室内的初始水垫深度宜取 $h_0=3.0\sim4.0$m，应能保证气垫式调压室内气体不会进入引水隧洞，从而避免导致危险情况的产生。国内外电站气垫式调压室水力学特性见表 3.2-2。

表 3.2-2　　国内外电站气垫式调压室水力学特性表

气垫式调压室电站名	气垫面积/m²	气垫体积/m³	气垫和气室体积之比/%	绝对压力/MPa	备注
Driva	820	2600～3600	35～49	4.0～4.2	已建
Jukla	560	1500～5300	25～88	0.6～2.4	
Oksia	1340	11700～12500	65～69	3.5～4.4	
Sima	810	4700～6600	49～69	3.4～4.8	
Osa	1000	10000	80	18～1.9	
Kvilldal	5200	70000～80000	64～73	3.7～4.1	
Tafjord	210	1200	62	6.5～7.7	
Brattset	1000	5000～7000	56～79	2.3～2.5	
Ulset	530	3200～3700	65～76	2.3～2.8	
Torpa	1650	10000	83	3.8～4.4	
自一里	1120	11240	77	3.1～3. 8	
小天都	1280	13800	74	3.2～4.5	
金康	784	8506	73	3.97～5.56	
木座	735	8872	74	2.45～3.62	
阴坪	1000	10930	72	2.08～3.07	

（2）气室平面、断面型式选择。气室的断面和长度由“托马临界稳定气体体积”确定，同时应考虑气垫式调压室内的压力上升对围岩、压力管道及机组的影响。

气室的平面形状和断面形状可以是多种多样的，对围岩防渗和水幕防渗的气垫式调压室，气室一般采用不衬砌或锚喷支护，气室可以采用任何形状。平面形状最简单的为条形；自一里电站采用了条形；Torpa 电站稍微复杂些，成一环形。Kvilldal 电站的气垫室较大，为使其全部布置在最好的岩体中，并使施工更方便些，它在平面上为“日”字形。小天都电站前期设计采用“L”形，技施阶段根据进一步地勘成果，确定采用条形。

总之，只要平面尺寸的大小满足稳定断面的要求，其形状可根据现场地质条件及施工等因素确定，以洞室稳定及防渗效果好为布置原则。自一里电站在调压室轴线及断面选择时，为有利于洞室边墙及顶拱岩体稳定，洞轴线方向应与结构面或裂隙大角度相交；但从岩体透水透气性方面考虑，如果洞室纵轴线方向与主要结构面走向直交，洞壁揭示的裂隙就越多，对应的洞壁岩体可能产生渗透的通道就越多，不利于灌浆孔布设并影响灌浆效果。综合考虑，对围岩防渗和水幕防渗的气垫式调压室，布置气垫式调压室的区域是以Ⅱ类围岩为主的岩体，洞室基本稳定，结构面对洞室稳定影响不大，应偏重于防渗要求选择洞室纵轴线方向，建议选择平行于主要结构面或裂隙走向，以增强灌浆效果。

对钢罩式防渗的气室，平面形状应尽量简单，以利钢板制作成型和平压系统的布置，最简单的为条形。“钢罩”气垫室断面形状一般为城门洞形，宽度和高度应满足施工要求，一般选用窄高形。因为加大高度，在同等初始水位条件下，能增大有效气体容积比例，从而减少气室的总开挖量。当然，高度的增加也有一定限度，不能使施工过于困难。

（3）细部结构。气室与引水隧洞是连通的，气室要高于引水隧洞。气室底板一般应高于引水隧洞顶拱 2～3m，两者间通过连接隧洞连接。连接隧洞兼作施工和检修通道，因而底板坡度不能太大，宜为 8%～10%。连接隧洞的断面可采用与引水道相同的断面，也可适当小于引水道断面，以增强连接隧洞的阻抗效果。连接隧洞与气室的连接形式可采用顺接或正交均可，以利水流出入通畅。

气室底板做成倾向连接井的 1%～2%的斜坡，以利于调压室向水道补水通畅，在引水系统放空检修时也利于气室内水体的放空。

对城门洞形气室断面，高 H 与宽 B 比一般采用 $H:B=1.35$，以利于洞室围岩的稳定。气室内气垫的体积一般占气室的 40%～80%。

调压室交通洞是气室的施工通道，原则上在气室附近应尽量少开挖支洞，以减少临空面，控制漏气、漏水量。当气室施工完成后须对施工支洞进行封堵，一般要求封堵段设置于气室水面以下，以提高气室的气密性。在调压室交通洞或附近的引水道施工支洞设置进人孔，用于气室检修。

采用“水幕防渗”的气垫式调压室通过在气室上部或两侧的水幕廊道设置水幕孔形成“水幕”提高气室的气密性。“水幕”的内水压力应大于气室内的设计气体压力10%～15%，一般略大于气室的最大气压力。“水幕”距离气室最小距离10～15m，以确保高压水幕的形成。“水幕”的范围应覆盖整个调压室顶部以及边墙。水幕廊道的断面由施工的最小断面控制。“水幕”通常是就近在引水系统中取水，经水泵加压后形成。水幕廊道交通洞是水幕廊道的施工通道，其断面由施工的最小断面控制，当水幕廊道施工完成后须进行封堵。在水幕廊道交通洞设置进人孔，用于水幕廊道检修。

3.3 防 渗 设 计

气垫式调压室气体渗漏的大小是决定工程成败的关键。气体渗漏主要有两个途径：其一是空气溶解于水，因为来自水库的水在进入气室后，能溶解更多的高压空气，并在流出气室时将空气带走，从而引起气损，这种气损无法避免，但量很小，可由空压机定期补充解决；其二是空气经气室边壁围岩裂隙渗漏，这种损失发生在空气压力超过洞室周围岩体裂隙中的水压力的情况下，其空气损失量取决于岩体渗透性和空气压力超过岩体水压力的程度，这种气损可能很大。

3.3.1 防渗措施

气垫式调压室防止气体渗漏措施主要有3种：围岩防渗、水幕防渗和罩式防渗。

（1）围岩防渗。对气垫式调压室围岩进行水泥和化学灌浆以降低岩体渗透性，从而达到闭气的目的。围岩防渗有效性与岩石性质有关，如挪威Osa电站为10个调压室中岩体渗透性最强的，气垫式调压室经4MPa高压灌浆处理后，漏气量由900Nm^3/h降为70Nm^3/h，达到了工程设计要求。尽管如此，Osa电站漏气量仍然是挪威所有气垫式调压室中漏气量最大的。然而挪威Tafjord电站气垫式调压室灌浆修补工作却未获成功。

采用裂隙灌浆或固结灌浆，将降低周围岩体的渗透性，漏气也会相应地减少。灌浆压力应大于气室内最大气压。气室大都选于Ⅱ类、Ⅲ类围岩，围岩整体抗渗漏性较好。但其间穿插的岩脉、张开的节理、发育的裂隙以及在开挖过程中渗水严重的地方均有可能是渗透途径，并与裂缝宽度有关。因此，准确地进行灌浆实施和控制是至关重要的。高压灌浆一般采用普通硅酸盐水泥或硅酸盐大坝水泥。水泥细度要求通过 80μm 方孔筛余量不大于 5%。防渗要求高或一般浆液灌浆效果不佳的部位，可采用磨细水泥或化学材料等进行灌浆。水泥浆液根据工程实际情况选择掺和材料及外加剂，一般有粉煤灰、水玻璃、速凝剂、减水剂、稳定剂等。灌浆质量检查一般采用压水试验方法，检查孔的孔段合格率大于 80%。在开挖期间，应在每一组爆破后对所有裂缝和出水点进行准确观测和描述，以利开挖完成后尽可能早地进行补充灌浆。

（2）水幕防渗。即在气室周围布置一系列钻孔，并在钻孔中充以高压水，水压略高于气室内气压，从而人为地使气室周围的地下水具有较高的压力。这一高压可阻止气室内高压气体的渗漏。挪威 Kvilldal 电站，孔隙水压力与空气压力之比为 0.6，气室产生了不可接受的漏气，增设水幕后阻气效果良好，空气损失由原来的 250Nm^3/h 降为 10Nm^3/h。Tafjord 在 1990 年采用水幕措施进行修复后，也基本解决了漏气问题。Torpa 电站预计气压比原地下水压力高得多，故方案设计时就采用了水幕防渗漏技术。

我国岩体渗透系数普遍较高，要想通过围岩防渗，施工难度较大，同时相对于设置水幕而言不一定经济。而自一里水电站、小天都水电站均采用了水幕防渗措施，闭气效果较好。

根据已运行经验，为保证电站运行期地下水床的形成，气室位置周围一定范围内应少设置施工支洞和探洞临空面，充分保证在气室顶拱及边墙周围形成有效的水幕。

（3）罩式防渗。采用高密度防渗材料或钢板衬砌达到闭气的目的。气垫式调压室对围岩的渗漏性要求较高，而我国岩体的天然渗透性较大，往往满足不了气垫式调压室对围岩渗漏性的要求。为解决此问题，经过多年的探索，成都院创造性地提出钢罩式结构运用于地下气垫式调压室，并已成功运用于金康水电站。钢罩防渗方案的主要思路是依靠钢筋混凝土夹一层薄钢板封闭气体，依靠平压系统平衡气室钢筋混凝土外侧水压力和气室气体压力，钢罩防渗方案可以大幅减少气体的渗漏。

（4）防渗措施选择。经验表明，在我国复杂的区域地质环境和裂隙岩体中，灌浆仅在一定程度降低岩体的渗透性，还难以将空气损失保持在允许范围内。研究表明，通过灌浆降低周围岩体的渗透性，使灌后岩体渗透性指标 $q \leqslant$ 1Lu，并设置水幕，能将空气损失保持在允许范围内。目前，水幕防渗技术对处理大型不衬砌气垫式调压室漏气问题是比较经济而有效的办法，当水幕超压加大时，岩体漏气量显著减少，但该超压不宜过大，水幕压力必须小于岩体内的最小主应力，以防产生水力劈裂。设置了“水幕”，通过岩体的漏气则取决于“水幕”压力与气室内气压力之比。挪威的相关经验表明如果该比值小于

0.9，则漏气量将迅速增大；如果该比值大于1.1，通过岩体的漏气减小。

当岩体的天然渗透性较大时，通过灌浆难以达到渗透性指标 $q \leqslant 1Lu$。为解决此问题，采用罩式结构封闭气垫式调压室高压气体。罩式结构应用于水电站的气垫式调压室中，降低了工程对围岩渗透性的要求，有效地解决了高水头电站中气垫式调压室闭气的技术难题，使气垫式调压室在我国大范围推广应用成为可能，符合国内的地质条件和目前的施工、检测水平。国内外电站气垫式调压室渗漏特性和“水幕”特性见表3.3-1和表3.3-2。

表3.3-1　　国内外电站气垫式调压室渗漏特性表

电站名	岩石类型	岩石渗透系数/(m/s)	气垫压力和天然地下水压力之比	漏气量/(Nm³/h)
Driva	条带片麻岩	无	0.6～0.7	1.3
Jukla	花岗片麻岩	1×10^{-10}	0.2～0.7	0.1～0.4
Oksia	花岗片麻岩	3×10^{-11}	1.0～1.2	4.7
Sima	花岗片麻岩	3×10^{-11}	0.8～1.2	1.0～2.3
Osa	片麻状花岗岩	5×10^{-8}	1.3	900/70～80**
Kvilldal	混合片麻岩	2×10^{-9}	>1.0	240/10***
Tafjord	条带片麻岩	3×10^{-9}	1.8～2.1	200/0***
Brattset	千枚岩	2×10^{-10}	1.5～1.6	11～13.4
Ulset	云母片麻岩	无	1.0～1.2	0.4
Torpa	变质粉砂岩	5×10^{-9}	1.7～2.0	400/5***
自一里	二云母花岗岩（含捕虏体）	$1\times10^{-4}\sim1\times10^{-5}$	0.81	400
小天都	斜长花岗岩	$1\times10^{-4}\sim1\times10^{-5}$	0.48	1000

** 灌浆前或灌浆后；

*** 运行中有或无“水幕”。

表3.3-2　　国内外电站气垫式调压室“水幕”特性表

电站名	空气体积/m³	气垫面积/m²	气垫压力/MPa	“水幕”超压/MPa	漏气量/(Nm³/h)
Kvilldal	70000～80000	5200	3.7～4.1	1.0	240/10*
Tafjord	1200	210	6.5～7.7	0.3	200/10*
Torpa	10000	1650	3.8～4.4	0.3	400/5*
自一里	9998	1120	2.92～3.84	0.5	300
小天都	18300	1280	3.35～4.44	0.5	1200

* 运行中有或无“水幕”。

3.3.2　漏水、漏气量估算

（1）漏水量估算。对于“水幕防渗”气垫式调压室，如果地下水水位比地面低得多，水幕可能在运行期间产生漏水。为了防止将来产生大量漏水，应密切观察水幕孔钻孔情况，如果任一钻孔穿过一条较大的透水节理，有地下水不断涌出水幕钻孔，应对该段水幕钻孔周围岩体进行灌浆处理，再重新钻孔。

水幕漏水量 V_s 估算为

$$V_s = P_s L q P_{工} / P_{试} \tag{3.3-1}$$

式中：V_s为水幕漏水量，l/min；P_s为水幕孔内水压力较气室气体压力的超压，MPa；L 为水幕孔的总长，m；q 为围岩的透水率，Lu；$P_{工}$为水幕正常工作超压（与气室的正常压力比较），MPa；$P_{试}$为压水试验压力，MPa。

对气垫式调压室围岩岩体透水性或地下水压力进行准确评价是很困难的。局部张开的裂隙、节理对岩体透水性影响很大，而对体积如此庞大的岩体而言，很难了解沿节理带分布的网状或脉状渗透途径。

可通过勘探平洞进行压水试验测出岩体的吕容值，用以估算水幕渗水量。压水试验采用向孔内注入压力水的方法，水的压力应大于水幕孔内水压力与气室内正常压力差值。

由压水试验测出的岩体吕容值，在水幕渗水估算时，应进行修正选值，根据挪威经验，按如下方式修正选取：

1）区间透水率 $q>10$Lu 时，取 $q=5$Lu。

2）区间透水率 $q=1\sim10$Lu 时，取 $q=1$Lu。

3）区间透水率 $q<1$Lu 时，取 $q=0.1$Lu。

渗水量估算成果用于估算水泵运行时间和运行成本。

挪威几个采用气垫式调压室的水电站水幕渗水总量如下：

Torpa 水电站：42L/min；

Kvilldal 水电站：48L/min；

Tafjord 水电站：60L/min。

自一里水电站实际运行水泵一台 50m^3/h 工作，满足运行要求。小天都水电站实际运行水泵一台 35m^3/h 工作，满足运行要求。

（2）漏气量估算。对围岩防渗和水幕防渗的气垫式调压室，气体渗漏量很难准确估算。当气室内设置了“钢罩”，气体渗漏主要也是由于高压气体溶于水所引起，气体渗漏可按下式估算：

$$V_q = (0.3\sim0.8\times10^{-3}) P_0 A \tag{3.3-2}$$

式中：V_q为气室内气体渗漏量，m^3/h；P_0为气室内气体设计压力，MPa；A

为气垫的底面积，m^2。

金康水电站“钢罩”气垫式调压室气体渗漏量计算值约 $2Nm^3/h$。

金康水电站于 2006 年 4 月建成发电后，气室的漏气量约 $0.5\sim1.0Nm^3/min$，基本达到挪威水平。

3.4 结 构 设 计

3.4.1 围岩支护设计

过去已建地下洞室的支护设计大部分将围岩作用作为荷载考虑，支护体承担内、外水压力、自重、山岩压力等荷载，但随着有限元计算方法在地下洞室围岩稳定分析中的应用以及工程实践经验的积累，一种围岩结构的设计观点正越来越被普遍接受。即认为衬砌或支护体是对围岩加固的措施，围岩是承受内水压力的主体。衬砌或喷护的主要目的是防止地下洞室围岩因水压力、气压力波动而引起局部围岩不稳定或掉块而危及运行安全，以及防止对节理、断层中可溶性充填物、夹泥等易被高压水、气冲刷致连贯而造成渗漏破坏，而洞室承受内水压力能力以及防渗抗蚀能力等均取决于围岩的坚硬性和完整性。

气垫式调压室围岩的支护包括岩体稳定支护和裂隙渗流稳定支护。气垫式调压室围岩一般应以Ⅱ类为主，通常不衬砌，其支护设计与常规地下洞室的支护设计相同。对于Ⅰ类、Ⅱ类围岩洞段，采用光面爆破开挖，严格控制岩面起伏差 $\Delta\leqslant15cm$，表面不进行喷护，仅局部裂隙处设置锚杆，以防局部掉块。但对于埋深很大的Ⅰ类、Ⅱ类围岩，应注意岩爆。对于局部Ⅲ类围岩洞段，开挖后处于基本稳定状态，但岩体裂隙相对发育，应对围岩松弛圈提供支护。参照高压引水隧洞支护设计，Ⅲ类围岩段均进行系统锚杆加挂网喷混凝土支护，或系统锚杆加喷钢纤维（或微纤维）混凝土支护。锚杆深度按洞室的跨度 0.3～0.5 倍，间距不大于深度的 0.5 倍。裂隙渗流稳定支护包括掏槽和灌浆处理。灌浆压力一般为气室设计压力的 1.1～1.5 倍，不小于气室的最大压力；灌浆深度按洞室的跨度 0.5～1.0 倍，灌浆孔间距为 2～4m。因气垫式调压室埋深较大、地下水位较高，宜设置浅排水孔，以防调压室放空检修时，喷混凝土受较高外水压而剥落。

自一里电站气垫式调压室为城门形，宽 10.0m，高 13.9m，承受内水压或内气压 3.25MPa，其表面积约 36%为Ⅲ类围岩，支护方式采用 $\phi25$，$L=4.0m$ 系统锚杆，挂 $\phi8$@ 20.0×20.0cm 钢筋网，喷 C20 混凝土厚 15.0cm。围岩采用逐节加压法进行固结灌浆。气室内共有 7 条断层、3 条挤压带和 16 条长大裂隙，均采用环氧树脂砂浆进行掏槽封堵，并在断层和挤压带的两侧进行裂隙灌浆，排距 3m，孔深 6m。为防止外水作用喷层削落，设 $\phi=50$mm 排水孔，孔深入围岩 50.0cm，间排距 2.0m，梅花形布置。

“钢罩”气垫式调压室内夹“钢罩”的钢筋混凝土与围岩的锚杆连接并联合承担外水压力，因此，宜采用围岩系统锚喷支护；由于在围岩表面设置了“平压系统”，所以，不需要在围岩表面设置浅排水孔。

金康水电站“钢罩”气垫式调压室气室围岩支护采用系统锚杆，ϕ25，$L=$4.6m，深入基岩 4m；气室内共有 4 条破碎带，均采用环氧树脂砂浆进行掏槽封堵，并在断层和挤压带的两侧进行裂隙灌浆，裂隙灌浆孔排距 2m，孔深 8m，沿裂隙布置。

气垫式调压室在开挖过程中应严格按相关规程、规范和技术要求执行，采用光面爆破或预裂爆破技术，使开挖面尽量平整，减小对围岩造成的松动范围，且不应欠挖，尽量减少超挖。交叉洞室开挖，应采用小导洞、短进尺、多循环、浅孔密孔弱爆破扩大开挖跟进、预留保护层等施工方法，以保证交叉洞室处岩体稳定。在与小断层交汇和裂隙密集带中开挖洞室时，应采用浅孔钻、多循环、弱爆破开挖，尽量减少对围岩扰动。加强支护，勤检查，勤观测，分析量测数据，及时采取措施。

3.4.2　钢罩式结构设计

为在天然渗透性较大的岩体里采用气垫式调压室，成都院创造性地提出钢罩式气垫式调压室，并已成功地运用于金康、木座和阴坪电站中。

钢罩式气垫式调压室的结构设计包括“钢罩”设计和平压系统设计两方面，剖面示意如图 3.4－1 所示。

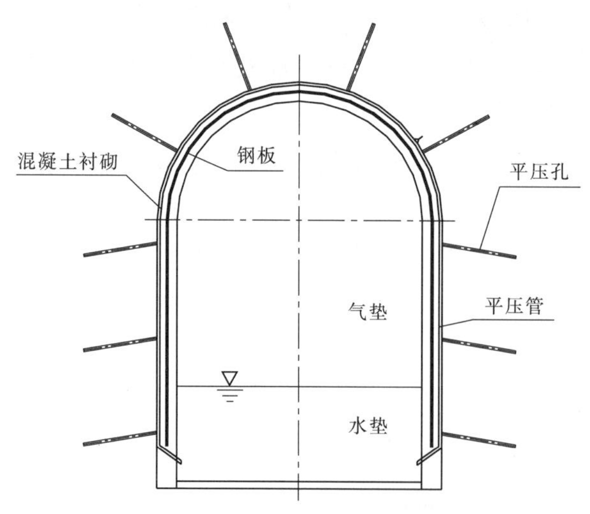

图 3.4－1　钢罩式气垫室剖面示意图

(1)“钢罩”设计。“钢罩”设计包括钢板设计、钢筋混凝土设计两方面。

1）钢板设计。钢罩式气垫式调压室是依靠钢筋混凝土夹一层薄钢板封闭气体，钢板的最低高程应低于气室最底涌浪。钢板设计包括钢板设置位置、材料选择、板厚确定等内容。

钢板设置位置指钢板设置于钢筋混凝土中间或悬挂于钢

筋混凝土内表面。钢板悬挂于钢筋混凝土内表面，钢板内外水连通性更好，以钢板内水面高程为等压面，由于钢板内外气、水的密度不同，钢板顶拱位置始终受到接近钢板内气体高度大小的内压，这对钢板的厚度和支撑要求均比较高；当机组负荷变化时，在内、外压交替作用下，大平面、薄厚度、悬挂的钢板极易产生挠屈变形和振动，造成钢板支护难度大；暴露在水、气混合环境中，钢板的锈蚀严重。钢板设置于钢筋混凝土中间，钢板与钢筋混凝土紧密连接，确保内、外压力变化时结构的安全稳定；钢板夹在碱性的混凝土中，锈蚀轻微。

钢板的最低高程应低于气室最底涌浪 0.5m 以上，确保气室的气密性。

钢板用于封闭气体，可采用力学性能稳定，塑性和可加工性能较好的普通碳素结构钢或普通低合金结构钢。

钢板厚度（包括厚度裕量）主要考虑制造、安装、运输等要求，保证必要的刚度。钢板厚度不宜小于 8mm。施工时须设加劲环或临时支撑，保障在混凝土浇筑时，钢板不变形。

在端墙与边墙、顶拱连接出处，宜设置角钢加强。

对钢板焊缝的要求可按“二类焊缝”质量要求控制，但超声波探伤比例按100%执行，其目的是要求焊缝连续、闭气。

金康水电站钢板跨度 10.6m，钢板的制造、安装、运输困难采取相应措施解决，钢板厚度采用边墙 8mm，顶拱 10mm。

2）钢筋混凝土设计。钢筋混凝土起固定钢板和承受机组丢弃或增负荷引起的地下水压力和气室气体压力之间的差压。

钢筋混凝土的厚度可取气室开挖跨度的 1/12～1/16，并结合内外压差分析确定。钢板将钢筋混凝土分为内层（临气垫）和外层（临基岩），内、外层钢筋混凝土厚度应考虑施工困难，保障浇筑质量，均不宜小于 30cm。

气垫式调压室围岩为Ⅱ类、Ⅲ类为主，在岩石开挖面设置系统锚喷支护保障围岩稳定，可不考虑山岩压力作用，钢筋混凝土荷载可按机组负荷变化引起气室气压最大或最小值与气室设计气压间的差值折减，按外压考虑。

钢板上设置锚筋，锚筋与钢板焊接，与内外层钢筋混凝土受力钢筋连接，内外两层钢筋混凝土联合受力。边墙、顶拱钢筋混凝土按圆拱直墙型无底板形计算、设计，并在边墙脚设置插筋，提高边墙的稳定性；端墙可按四边简支、受均布荷载的板考虑。钢筋混凝土与围岩的锚杆连接，结构计算时，可考虑锚杆的作用，并仅控制钢筋应力，不控制混凝土裂缝。

根据水力过渡过程计算成果，金康水电站气垫式调压室外水压力波峰值范围为 36.6～46.8m 水头，按照峰值平均值折半，考虑外水压力为 21m，考虑锚杆作用，衬砌结构承受约18m水头的外水压力。从金康电站充水充气和放空过程监测数据显示，气室平压系统平压效果较好，内外压力差均小于4.3m，钢板应力计、锚杆应力计和多点位移计都在设计值范围内，且偏小。

（2）平压系统设计。平压系统平衡气室钢筋混凝土外侧水压力和气室气体压力。

气室边墙、顶拱及气室两端头布置系统平压孔和气室里的水垫连通。平压孔的深度和间距应结合气室尺寸、所处围岩完整性和系统锚杆布置情况综合考虑，初步可按“间距不大于深度的1/2”布置。在满足施工要求的前提下，平压孔的间距宜小，通常不大于2～3m。气室内施工时应采取措施，避免平压孔被堵塞。

金康水电站气室内系统锚杆间排距为2m，为不与锚杆布置干扰，平压孔按深入基岩4m，间排距2m，矩形布置。排水钢管伸入系统平压孔70cm，排水钢管和气室里的水垫连通。

3.4.3 封堵设计

调压室交通洞和水幕廊道交通洞作为气室和水幕廊道的施工通道，当施工完成后须进行封堵。调压室交通洞封堵段应尽量设置于气室水面以下，以提高气室的气密性。在调压室交通洞或附近的引水隧洞施工支洞设置进人孔，用于气室检修。在水幕廊道交通洞设置进人孔，用于水幕廊道检修。

上述封堵长度根据堵头所处位置，洞内气、水压力、地质条件、支洞断面等计算分析确定，达到堵头稳定和防渗的目的。堵头稳定设计与常规高压隧洞堵头相同，但靠近气垫调压室的堵头防渗要求高于常规高压隧洞堵头，堵头长度应适当增加。

减少高压堵头渗漏的有效方法是多级灌浆，包括水泥灌浆和化学灌浆（环氧树脂和聚氨酯）。沿岩石/混凝土交界面、混凝土/钢衬交界面进行接触灌浆，一般浇筑混凝土后8周开始进行接触灌浆，堵头段施工缝采用化学灌浆。结合堵头与气室、水幕的布置关系，以及堵头段地质条件，必要时增加阻水帷幕。Torpa在堵头混凝土浇筑前，对围岩进行灌浆，灌浆帷幕包括20～30m长的2排的8个孔。自一里电站气室交通洞和水幕廊道交通洞封堵段长度按《水工隧洞设计规范》（DL/T 5195—2004）的有关公式进行计算，内水压力按380m水头、混凝土的容许剪应力按0.3MPa、安全系数按3取值，并考虑防渗要求，确定气室交通洞、水幕廊道交通洞封堵段长40m，同时对封堵段进行了回填灌浆、固结灌浆处理，固结灌浆压力为4.5MPa。

3.5 充、放水及安全监测

3.5.1 充、放水

引水系统充、放水时，应通过调整水泵、空压机的阀门开启、关闭顺序，避免造成水幕廊道、气室和引水隧洞间的压差过大。

（1）充水。气垫式调压室充水应在所有的土建工作及各设备安装工程完成并经验收合格后，在水库蓄水达到设计要求水位条件下进行。

在隧洞、调压室和压力管道的长时间开挖过程中，岩体的节理和其他可能空隙的水已经被排空。为了恢复地下水位，充水完成后需稳定一段时间，同时充水过程中应严格控制充水速度。

采用“围岩防渗”“罩式防渗”气垫式调压室充水与压力管道、引水隧洞充水一并完成，稳定一段时间再进行气室充气。

采用“水幕防渗”气垫式调压室充水与水幕廊道、压力管道、引水隧洞充水一并完成，其后再对水幕廊道施加超压，稳定一段时间再进行气室充气。气垫式调压室在正常运行中，“水幕”的内水压力大于气室内的设计气体压力10％～15％，一般不小于气室的最大气压力。

（2）放水。关闭机组，气垫式调压室内涌浪稳定后，关闭进水口闸门，打开气室的排气阀，排净气室内的空气后，关闭排气阀，利用放水通道泄放水量至引水系统放空。应控制引水系统内水压力下降的速率，确保引水系统围岩和结构的稳定。

气垫式调压室内应在顶部设置自动补气设施，避免在放水过程中气室内出现负压。

3.5.2 调压室监测

针对气垫式调压室的结构设计与计算、工作原理、水文地质和工程地质条件，其监测的主要项目有：围岩的变形、围岩的渗透水压力、围岩的应力。

（1）围岩的变形。根据气垫式调压室布置及其工程地质条件，可选2～3个监测断面，监测点宜布置在气室的拱顶和两侧45°角处的主要变形区域，可采用多点位移计进行监测，多点位移计的钻孔深度根据设置不同的位移点来确定。该项目可监测气室拱顶不同深度的岩体在气室内的气体达到最大压力以及上部水幕形成后的渗透水压力共同作用时可能发生的变形。

（2）围岩的渗透水压力。在对气垫式调压室位置处地下水的渗透压力和裂隙发育情况不能掌握得很清楚时，应对气垫式调压室周边围岩渗透水压力进行监测，对气垫式调压室可选3～5个监测断面，沿调压室拱顶和两侧边墙埋设7～9支渗压计，可实时了解水幕形成后围岩地下水渗透水压力的变化情况。

（3）围岩的应力。由于气垫式调压室围岩抵御高压水的抗劈裂能力总体上较强，但不排除局部段因裂隙集中发育、相互切割贯通、岩体完整性相对较差，而导致围岩抗劈裂能力降低。因此，应对调压室区围岩的应力进行监测，根据水文地质和工程地质的具体情况，对调压室可选2～3个监测断面（应与调压室围岩的变形监测断面相结合），沿拱顶弧线段埋设3～5支应力计；当结构布置采取了锚杆加固的时候，应采用锚杆应力计监测锚杆的受力情况。

对于采用“罩式防渗”气垫式调压室，还应当增加高密度防渗材料或钢板应力、钢筋应力、平压系统水压力等的监测。

以上监测仪器设备的电缆线分别引至调压室交通洞集线箱内。

3.5.3　堵头的监测

气垫式调压室通常设置有气室交通洞和水幕廊道交通洞，用于气垫式调压室的施工和检修。施工完建后，设置堵头进行封堵，则气室交通洞堵头和紧邻洞段是监测的重要地段。因此，对这些部位应进行全面监测，监测的主要项目有：

（1）交通洞堵头混凝土与岩石的位移。当气室内充水充气达到高压时，气室压力对堵头底部混凝土产生较大的剪应力，使堵头混凝土与岩石之间产生剪切变形，因此，应对混凝土与岩石之间的位移进行监测，测点宜布置在堵头底部，距气室2m左右，埋设2～3支测缝计。

（2）堵头段的地下水渗透压力。根据堵头段区域的水文地质和工程地质条件及堵头的结构形式，沿堵头段和紧邻堵头洞段设置4～6个监测断面，在每个监测断面的拱顶和拱的两端围岩内布置2～3支渗压计，以监测水幕形成后堵头段和紧邻堵头洞段上部围岩地下水的渗透压力。以上监测仪器设备的电缆线分别引至气室交通洞的集线箱内。

3.5.4　地下水位的监测

当调压室区域地形复杂，岩体中地下水位的分布不均匀，且难以准确测定，则应对调压室区域地下水位进行监测，以实时了解水幕正常运行时，地下水的重新分布及水幕压力能否保持设计压力，对电站的正常运行起着至关重要的作用。因此，通过依托工程的实施情况，推荐以下几种方法进行监测：

（1）长观孔监测。此方法非常直观地反映出电站运行前后，岩体中地下水位的变化情况。长观孔的埋设应在充水前完成，长观孔的位置应在水幕形成区域以外布置，宜设置 2～3 个孔，从地表钻孔至原始地下水位高程处，可采用水位计进行监测。

（2）渗压计监测。为了监测调压室与水幕廊道之间岩体的渗透性，宜设2～3个监测断面（可与调压室围岩渗透水压力的监测断面配合）。在调压室两侧边墙 2/3 处钻孔，深度至水幕孔底部外边缘处，钻孔倾角 5°左右，每孔宜埋设 3～4 个测点，以监测水幕的效果和裂隙水的渗漏情况。

（3）测压管监测。在水幕廊道和水幕廊道交通洞内，沿每个洞段的中间部位布置一支测压管，孔深深入基岩 1.0m 左右。有条件可采用压力表进行监测，无条件可采用水位计进行监测，能有效的监测水幕形成后渗透水压力的变化情况。

第 4 章　水力计算及稳定分析

4.1　水力动态特性

4.1.1　水位波动特征

通过对含气垫式调压室水电站引水系统的水力过渡过程仿真计算及模型试验研究发现，由于气垫式调压室内存在“气垫”缓冲的影响，其水位波动的幅值、周期及波形与常规调压室均存在较大的差异。当电站负荷发生变化时，气垫式调压室的水位波动具有以下特征。

（1）水位波动幅值大大减小，但其衰减较为缓慢（即衰减率较小）。当忽略引水系统水头损失时，气垫式调压室水位波动幅值 Z_g 为

$$Z_g = \frac{V_0\sqrt{\dfrac{Lf}{gF_g}}}{\sqrt{K_g}} \tag{4.1-1}$$

$$K_g = 1 + \frac{mp_0}{\gamma l_0} \tag{4.1-2}$$

以上式中：L 为引水洞长度，m；f 为引水洞面积，m^2；F_g为气垫式调压室断面面积，m^2；V_0为系统甩负荷前引水洞内的流速，m/s；p_0为电站稳定运行时气室内气体绝对压力，N/m^2；m 为理想气体多变指数；l_0为对应于 p_0的气室内气体折算高度，m；g 为重力加速度，m/s^2；γ 为水容重，$9800N/m^3$。

比较两种调压室的水位波动幅值计算公式可知：当忽略引水道水头损失，气垫式调压室水位波动幅值 Z_g比“面积等效”常规调压室水位波动幅值 Z_c小 K_g倍。即

$$Z_g = Z_c / K_g \tag{4.1-3}$$

这里所谓的“面积等效”是指气垫式调压室面积 F_g与常规调压室面积 F_c符合式（4.1-4）的相对关系（下同）

$$F_g = \left(1 + m\frac{p_0}{\gamma l_0}\right)F_c \tag{4.1-4}$$

（2）水位波动周期与“面积等效”常规调压室水位波动周期相等。当忽略引水系统水头损失时，气垫式调压室水位波动周期 T_g和常规调压室水位波动

周期 T_c 为

$$T_g = 2\pi\sqrt{\frac{LF_g}{gf}}\Big/\sqrt{K_g} = T_c = 2\pi\sqrt{\frac{LF_c}{gf}} \tag{4.1-5}$$

（3）水位波动波形具有波峰陡峭、波谷平缓的特点。而常规调压室的水位波动波形通常类似于正弦波。这意味着气垫式调压室的水位波动的升（降）速度与水位高程有关，当水位波动到较高位置时其升（降）速度较快，而当水位波动到较低位置时其升（降）速度较慢。这可以从式（4.1-5）忽略引水系统水头损失时两种调压室的水位波动周期公式的差异中看出其发生原因。

对于常规调压室，其波动周期 T_c 与水位高程无关。而对于气垫式调压室，其波动周期 T_g 与 K_g 值（即与 p_0/l_0 值）有关，K_g 值（或 p_0/l_0 值）越大，T_g 值越小，即其对应的水位波动升（降）速度越快。因此，气垫式调压室水位波动到不同高程时，其水位升（降）速度是不同的。但对于低水头水电站，其气垫式调压室水位波动过程中的 K_g 值相对变化范围较大，因此，其上述的波形特点较为明显，而对于高水头水电站，其气垫式调压室水位波动过程中的 K_g 值相对变化范围较小，则其上述的波形特点一般不明显。

4.1.2 室内横向水位动态特征

对于大中型水电站气垫式调压室，由于其面积较大，为便于满足其地下洞室结构要求，常将其体型设计为长廊形。挪威已建电站的气垫式调压室也均为地下长廊形洞室。但在目前的水力过渡过程数值仿真计算理论中，一般均按一维假定模拟，因此无法计及气垫式调压室内沿长廊的横向水位波动情况。为此，在某水电站含气垫式调压室输水系统整体水力模型试验中，观测了气垫式调压室内沿长廊的横向水位波动情况，模型试验观测表明：

对于某水电站气垫式调压室，在电站增、弃荷大波动工况下，其室内沿长廊的横向水位存在明显的明渠水位波动过程，其最大波动幅值约 0.15m，出现在进、出调压室流量最大的大波动过程发生的起始时刻（此时调压室内不会出现最高、最低水位控制值），此后，随着调压室内整体水位的升、降，室内沿长廊的横向水位波动过程迅速衰减（这与一般的明渠水位波动特征有明显的差异），当调压室内水位接近最高、最低水位时，进、出调压室的流量已很小，此时调压室内整体水面均很平稳，沿长廊的横向水面坡降很小。经比较计算分析得知：对于水电站气垫式调压室，其室内水位波动采用按一维假定模拟的数学模型是可行的，其最高、最低水位计算结果的相对误差很小。但对于廊道太长或太窄情况，还是应予重视，应进行相关校核计算或模型试验验证。

关于气垫式调压室充、排气过程中的室内水位动态特征，目前尚难以通过数学仿真的途径得到满意的答案。为此，在某水电站含气垫式调压室输水系统整体水力模型中对此进行了认真的试验观测。结果表明：①在与实际工程气垫式调压室充、排气情况相对应的极其缓慢的充、排气过程中，气垫式调压室内的水位均整体下降、上升，非常平稳；②除初期（即室内全充水情况）充气的初始很短时间内室内水面会出现局部凹陷外，其他充气过程时间内，即使充气速度很快，气垫式调压室内的水位均保持非常平稳的整体下降状态；③在启动排气的初始很短时间内，如果排气阀开启过快，气室内会出现瞬间压力释放（陡降）现象，与此同时，会有一股水体由调压室底部隧洞急剧涌入调压室内，并使得室内水面出现局部的冲击性涌动。这种瞬间的压力释放（陡降）现象，对于气垫式调压室以及其底部隧洞的围岩稳定不利。因此，气垫式调压室在启动排气的初始时刻，排气阀应缓慢地开启，对此应予高度重视。

4.2　大波动过渡过程计算

计算采用特征线法，通过数值仿真分析，研究机组丢弃或增加负荷所引起的整个输水发电系统的水力机械过渡过程，确定输水系统有关设计参数在电站实际运行中可能出现的最不利工况的控制值，为电站输水系统的合理布置提供了设计依据；模拟气垫调压室、尾水调压室及水轮发电机组的水力特性，考虑水锤与调压室水位波动的联合作用，并对气垫调压室的气室常数、多变指数以及机组导叶关闭规律进行比较计算及优化分析。

4.2.1　水力过渡过程计算数学模型

（1）水锤计算的特征相容方程。描述任意管道中水流运动状态的基本方程为

$$\frac{Q}{A}\frac{\partial H}{\partial x}+\frac{\partial H}{\partial t}+\frac{a^2}{gA}\frac{\partial Q}{\partial x}+\frac{Q}{A}\sin\beta=0 \tag{4.2-1}$$

$$g\frac{\partial H}{\partial x}+\frac{Q}{A^2}\frac{\partial Q}{\partial x}+\frac{1}{A}\frac{\partial Q}{\partial t}+\frac{fQ\mid Q\mid}{2DA^2}=0 \tag{4.2-2}$$

式中：H 为测压管水头；Q 为流量；D 为管道直径；A 为管道面积；t 为时间变量；a 为水锤波速；g 为重力加速度；x 为沿管轴线的距离；f 为摩阻系数；β 为管轴线与水平面的夹角。

式（4.2-1）、式（4.2-2）可简化为标准的双曲型偏微分方程，从而可

利用特征线法将其转化成同解的管道水锤计算特征相容方程。

对于长度 L 的管道 A—B，其两端点 A、B 边界在 t 时刻的瞬态水头 $H_A(t)$、$H_B(t)$ 和瞬态流量 $Q_A(t)$、$Q_B(t)$ 可建立如下特征相容方程：

$$C^-:\quad H_A(t)=C_M+R_MQ_A(t) \tag{4.2-3}$$

$$C^+:\quad H_B(t)=C_P-R_PQ_B(B) \tag{4.2-4}$$

其中：$C_M=H_B(t-k\Delta t)-(a/gA)Q_B(t-k\Delta t)$；$R_M=a/gA+R\mid Q_B(t-k\Delta t)\mid$

$C_P=H_A(t-k\Delta t)+(a/gA)Q_A(t-k\Delta t)$；$R_P=a/gA+R\mid Q_A(t-k\Delta t)\mid$

式中：Δt 为计算时间步长；Δt 为特征线网格管段长度，$\Delta L=a\Delta t$（库朗条件）；k 为特征线网格管段数，$k=L/\Delta L$；R 为总水头损失系数，$R=\Delta h/Q^2$。

在水力过渡过程计算时，一般从初始稳定运行状态开始，即取此时 $t=0.0$，因此，当式中 $(t-k\Delta t)\leqslant 0$ 时，则令 $(t-k\Delta t)=0$，即取为初始值。

式（4.2-3）、式（4.2-4）均只有两个未知数，将其分别与 A、B 节点的边界条件联列计算，即可求得 A、B 节点的瞬态参数。

（2）气垫式调压室节点的水力控制方程。可写为

$$\frac{dH_{st}}{dt}=\frac{Q_{st}}{A_{st}} \tag{4.2-5}$$

$$H_p=H_{st}+R_{st}Q_{st}\mid Q_{st}\mid+(P_s-P_a) \tag{4.2-6}$$

$$Q_{p1}=Q_{p2}+Q_{st} \tag{4.2-7}$$

$$H_p=C_{p1}-R_{p1}Q_{p1} \tag{4.2-8}$$

$$H_p=C_{M2}+R_{M2}Q_{p2} \tag{4.2-9}$$

$$P_s=P_{s0}\left(\frac{V_{a0}}{V_a}\right)^m \tag{4.2-10}$$

$$V_a=V_{a0}-A_{st}(H_{st}-H_{st0}) \tag{4.2-11}$$

以上式中：H_{st}、A_{st}、P_s、P_a分别为气垫调压室的水位、面积、气室内的绝对压力和当地大气压，单位以“m 水柱”计；V_a为气垫调压室内气体的瞬时体积；m 为气室内气体的多变指数；P_{s0}、V_{a0}、H_{st0}为前一计算时步的 P_s、V_{a0}、H_{st}值；其他符号意义同前。

4.2.2 导叶关闭规律的选择计算

根据有关规范要求，确定电站机组导叶关闭规律选择计算的控制条件，包括：机组最大转速上升率 β_{max}、蜗壳进口最大内水压力上升率 ζ_{max}、气垫调压室底部隧洞中心最大内水压力 $H_{T\max}$、尾水管进口最小内水压力、引水道、尾水道沿线洞顶最小内水压力 $H_{A\min}$。

选择合适的导叶关闭规律计算的控制工况和复核工况。针对控制工况和复

核控制工况，分别选取了一系列不同的 T_s 值和 $\sum Q_0$ 值，进行大波动过渡过程计算比较，确定合适的导叶关闭规律，即选择确定合适的 T_s 取值。

4.2.3　大波动过渡过程计算

为了确定有关设计参数的控制值，对实际工程中可能出现的有关设计参数控制值的各种主要工况进行大波动过渡过程计算。

计算时，所有计算工况的气垫式调压室内气体多变指数取为 $m=1.4$（弃荷工况）、$m=1.0$（增荷工况）；所有弃荷工况的引水隧洞、尾水隧洞的摩阻取最小值；所有增荷工况的引水隧洞、尾水隧洞的摩阻取最大值。但对于气垫式调压室、尾水调压室之间的压力管道主管和支管、尾水管和尾水支管的摩阻在所有计算工况下均取平均值；对于组合工况，如果其上游水位为最高水位，则视同弃荷工况选取上述的摩阻和 m 值；如果其上游水位为最低水位，则视同增荷工况选取上述的摩阻和 m 值。

4.3　小波动稳定性分析

4.3.1　基本假定

在进行水力—机械系统小波动稳定性分析时，采用了刚性水锤模型，并假定负荷扰动及上、下游水位扰动均是微小量，因而可略去系统基本方程式中高阶微分项（即线性化处理）。为偏于安全，假定该水电站单独运行情况，即不考虑电力系统影响。

4.3.2　基本方程推导

（1）水流动力方程：

$$\frac{L_1}{gA_1}\frac{\mathrm{d}Q_1}{\mathrm{d}t}=H_u-\alpha_1 Q_1^2-H_{au} \tag{4.3-1}$$

$$\frac{L_2}{gA_2}\frac{\mathrm{d}Q_2}{\mathrm{d}t}=H_{au}-\alpha_2 Q_2^2-H_{tu} \tag{4.3-2}$$

$$\frac{L_3}{gA_3}\frac{\mathrm{d}Q_3}{\mathrm{d}t}=H_{td}-\alpha_3 Q_3^2-H_{wd} \tag{4.3-3}$$

$$\frac{L_4}{gA_4}\frac{\mathrm{d}Q_4}{\mathrm{d}t}=H_{wd}-\alpha_4 Q_4^2-H_d \tag{4.3-4}$$

以上式中：H_u、H_d 为水库上、下游水位；H_{tu}、H_{td} 为水轮机进、出口压力水头；H_{au} 为上游气垫调压室测压管水头；H_{wd} 为下游尾水调压室水位；L_i、A_i、

Q_i分别为第 i 段管道长度、面积、流量（$i=1\sim4$）；g 为重力加速度。

（2）水流连续方程：

$$Q_2 = Q_3 = Q_t = -F_a \frac{\mathrm{d}Z_a}{\mathrm{d}t} + Q_1 = Q_4 + F_w \frac{\mathrm{d}Z_w}{\mathrm{d}t} \quad (4.3-5)$$

式中：Q_t为水轮机引用流量；F_a、F_w、Z_a、Z_w分别为气垫调压室与尾水调压室面积及其相应的小幅水位波动；其他符号意义同前。

（3）恒定状态方程：

$$H_{tu0} = H_u - \alpha_1 Q_{10}^2 - \alpha_2 Q_{20}^2 \quad (4.3-6)$$

$$H_{td0} = H_d + \alpha_3 Q_{30}^2 + \alpha_4 Q_{40}^2 \quad (4.3-7)$$

$$H_{au0} = H_u - \alpha_1 Q_{10}^2 = \frac{P_0 - p_a}{\gamma} + ELV - l_0 \quad (4.3-8)$$

$$H_{wd0} = H_d + \alpha_3 Q_{30}^2 \quad (4.3-9)$$

$$Q_0 = Q_{10} = Q_{20} = Q_{30} = Q_{40} = Q_{t0} \quad (4.3-10)$$

$$H_0 = H_u - H_d - \alpha_1 Q_{10}^2 - \alpha_2 Q_{20}^2 - \alpha_3 Q_{30}^2 - \alpha_4 Q_{40}^2 \quad (4.3-11)$$

上述各式中下标“0”均表示水电站稳定运行时对应的参数值（下同）；Q_0、H_0为水轮机引用流量与水头；ELV 为气垫调压室顶部高程；P_0气垫调压室内初始绝对压力；l_0为初始气室高度；p_a为当地大气压力。

（4）气垫调压室过渡状态方程。假设气垫调压室室内水位发生小幅波动时，其内的气体满足理想气体多变方程：

$$PV^m = P_0 V_0^m = C_0 \quad (4.3-12)$$

上式可变形为

$$Pl^m = P_0 l_0^m = C \quad (4.3-13)$$

式中：V_0为气垫调压室内初始体积；P、l 为气垫调压室在过渡过程中的绝对压力、气室高度。

4.3.3 系统状态方程系数矩阵

对管道水流控制方程、机组特性与调节控制方程做线性化处理，水力一机械系统的状态方程组可转化为近似一次线性微分方程组（推导过程略），简记为

$$DY = AY + C \quad (4.3-14)$$

式中：$D=\frac{\mathrm{d}}{\mathrm{d}t}$，为微分算子；$Y=[z_{au}、z_{wd}、q_1、q_2、q_t、\varphi、\mu]^T$；$A$ 为系数矩阵；C 为常数矩阵。

$$A=\begin{vmatrix} A_{11} & A_{12} & A_{13} & A_{14} & A_{15} & A_{16} & A_{17} \\ A_{21} & A_{22} & A_{23} & A_{24} & A_{25} & A_{26} & A_{27} \\ A_{31} & A_{32} & A_{33} & A_{34} & A_{35} & A_{36} & A_{37} \\ A_{41} & A_{42} & A_{43} & A_{44} & A_{45} & A_{46} & A_{47} \\ A_{51} & A_{52} & A_{53} & A_{54} & A_{55} & A_{56} & A_{57} \\ A_{61} & A_{62} & A_{63} & A_{64} & A_{65} & A_{66} & A_{67} \\ A_{71} & A_{72} & A_{73} & A_{74} & A_{75} & A_{76} & A_{77} \end{vmatrix}$$

4.3.4　小波动稳定性分析

根据《自动控制理论》知，水力—机械系统的小波动稳定性取决于上述系数矩阵A的特征值λ_i（$i=1\sim7$）的实部值的大小，若计$\lambda_i=\sigma_i+\omega_i$（$\sigma_i$、$\omega_i$分别为该特征值的实部和虚部），则只有当A的所有特征值的实部σ_i均为负值（即$\sigma_i<0$），系统才是稳定的，否则系统不稳定。矩阵A的全部特征值可以通过调用标准程序求得。气垫调压室内气体多变指数的取值与气垫调压室内部气体与边界的热交换特点密切相关；热交换越充分，多变指数的取值越小；如无热交换，多变指数则取1.4。在气垫调压室内气体进行小波动过程中，由于波动幅值很小，波动速度较慢，同时波动周期较长，另外气垫调压室水面面积亦较大，故可认为在该水位波动过程中气体与相应边界进行了充分的热交换，此时，气垫调压室内气体过渡过程可以作为等温过程处理，多变指数取1.0。

由于水电站水力—机械系统的小波动稳定性与水轮机的水头损失系数、工作水头有关，水头损失系数越小、工作水头越小，稳定性越差。同时，在考虑水轮机机组及调速器的特性后，系统小波动稳定性也与机组稳定运行工况点的特性参数有关。

系数矩阵A的特征值实部越大（即越接近于零的负数），稳定性越差的准则来看，在调速器参数取值相同时，在越接近于空载发电工况下，系统稳定性较差、调压室面积越大、稳定性越好。另外，对于PI型、PID型调速器，当参数均按Stein估算公式整定时，在相同的计算工况下，采用PID型调速器的系统稳定性较好。

4.3.5　小波动过渡过程计算

在其系数矩阵A确定时，若给定系统负荷相对变化量（负荷扰动）x，利用数值积分可求得各调节变量的波动过程，以评价其调节品质的优劣。该数值积分可通过调用标准程序来实现。

4.4 临界稳定气体体积

4.4.1 概述

气垫式调压室因具有保护地表自然环境的独特优越性，近几年在我国西部水电开发中得到了高度的重视。继挪威建成10座气垫式调压室后，我国已有多个水电站采用气垫式调压室。但关于气垫式调压室的基础性研究至今在国际上还很不成熟，目前大多沿用常规开敞式调压室的设计理念及基本概念，而由此则导致出现了不少重要概念的歧义和应用谬误，其中气垫式调压室临界稳定断面面积的概念就是一个典型例子。本节通过对常规开敞式和气垫式两种型式调压室临界稳定断面面积的计算公式和计算结果的比较分析，揭示了两种型式调压室在小波动稳定机理上的本质差别，提出了气垫式调压室临界稳定气体体积概念，并给出了形式简单、计算简便的临界稳定气体体积计算公式。

4.4.2 两种调压室临界稳定断面面积计算公式的比较分析

水电站水轮发电机组的运行稳定性与“水力系统—机械（包括调节）系统—电力系统”的整体小波动稳定性密切相关。当假定：“机组在孤立电网中运行，而且调速器为理想调速器”时，机组的运行稳定性将完全依赖于发电引水系统的小波动稳定性。该假定即为著名的“托马（Thoma）假定”的主要内容之一。理论研究和工程实践证明，在托马假定条件下，水电站机组的小波动稳定性取决于调压室的尺寸大小，并将满足电站小波动稳定运行的调压室最小断面面积即称为调压室的托马临界稳定断面面积。

（1）目前常用的计算公式。对于常规开敞式调压室，现行《水电站调压室设计规范》（NB/T 35021—2014）给出了其满足“托马假定”的临界稳定断面面积计算公式，即

$$A_{TH}=\frac{\sum Lf}{2g\left(\alpha+\frac{1}{2g}\right)(H_0-h_{w0}-3h_{wm0})} \tag{4.4-1}$$

式中：A_{TH}为托马临界稳定断面面积；L、f分别为引水隧洞的长度和断面积；H_0为电站上下游可能的最小水位差；h_{w0}为调压室上游引水隧洞的最小水头损失；h_{wm0}为调压室下游引水管道的最大水头损失；g为重力加速度；α为引水隧洞的最小水头损失系数，$\alpha=h_{w0}/v^2$，这里v是引水隧洞内的水流流速。

对于气垫式调压室，现行设计规范尚未对其稳定断面面积计算作出明确的规定。目前大多采用挪威R. Svee教授基于“托马假定”导出的气垫式调压室

临界稳定断面面积计算公式，即

$$A_{SV}=A_{TH}\left(1+\frac{mp_0}{l_0\gamma}\right)=k_AA_{TH} \tag{4.4-2}$$

其中

$$k_A=1+\frac{mp_0}{l_0\gamma}=1+\frac{mh_{p0}}{l_0} \tag{4.4-3}$$

式中：A_{SV}为 Svee 临界稳定断面面积；k_A为系数项，或称为气垫式调压室稳定断面系数；m 为理想气体多变指数；p_0为电站稳定运行时气室内气体绝对压力；l_0为对应于 p_0的气室内气体折算高度；h_{p0}为电站稳定运行时气室内气体绝对压力，即 $h_{p0}=p_0/\gamma$；γ 为水的容重。

由于气垫式调压室内的稳定运行气压 p_0一般都很大，则系数 k_A值很大，从而使得气垫式调压室所需的小波动稳定断面积往往是常规开敞式调压室的十多倍甚至几十倍，这也是长期以来制约气垫式调压室推广应用的因素之一。

(2) 计算公式的形式差异及其由来。比较式（4.4－1）、式（4.4－2）可见，基于“托马假定”导出的开敞式、气垫式两种型式调压室的临界稳定断面面积计算公式的型式差异仅是：在 A_{SV}计算式中多了一个系数项 k_A。现分析该系数项的由来。

考虑到：在“托马假定”条件下，实际上对引水发电系统小波动稳定性有直接影响的参数是引水隧洞在调压室节点处的内水压力 H_{TB}，而调压室型式的不同，则是通过 H_{TB}动态特性的差异来体现的。

对于开敞式调压室，当机组引用流量微小变化而导致室内水位 ΔZ_C（设水位向下波动的 Z 为正，下同）变化时，相应的 H_{TB}变化值为

$$\Delta H_{TB}=-\Delta Z_C \tag{4.4-4}$$

对于气垫式调压室，当机组引用流量微小变化而导致气室内水位 ΔZ_g变化时，相应的 H_{TB}变化值为

$$\Delta H_{TB}=-\Delta Z_g+\Delta h_p \tag{4.4-5}$$

式中：Δh_p为以“m 水柱高”计的气室内气体绝对压力 p 的微小变化量，即 $\Delta h_p=\Delta p/\gamma$。

将理想气体的多变方程 $pV^m=C_0$（常数）取微分，并略去二阶微量，可求得

$$\Delta p=-\Delta V\left(\frac{mp_0}{V_0}\right) \tag{4.4-6}$$

式中：V_0为电站稳定运行时气室内的气体体积；ΔV 为气室内气体体积的变

化量。

当气室折算成等面积时，式（4.4－6）中的 ΔV、V_0可同时改写成 Δl、l_0，则式（4.4－6）可改写为

$$\Delta h_p = -\Delta l\left(\frac{mh_{p0}}{l_0}\right) \tag{4.4-7}$$

将式（4.4－7）代入式（4.4－5），并考虑到 $\Delta l=\Delta Z_g$，可整理得气垫式调压室底部隧洞内的 H_{TB}变化值为

$$\Delta H_{TB} = -\Delta Z_g\left(1+\frac{mh_{p0}}{l_0}\right) = -\Delta Z_g k_A \tag{4.4-8}$$

由于“托马假定”中包含了：①调速器为理想调速器，机组始终等出力运行，即 ηHQ ＝常数；②忽略机组效率的变化；③忽略调压室后引水压力管道内的水流惯性。因此，当机组引用流量发生小幅值变化时，为使得系统具有相同的小波动稳定性能，两种型式调压室底部隧洞内的 H_{TB}变化值必须是相等的。则由式（4.4－4）、式（4.4－8）可得

$$\Delta Z_C = k_A \Delta Z_g \tag{4.4-9}$$

当调压室底部隧洞内的 H_{TB}变化值相等时，调压室前引水隧洞的来水流量的变化值也是相等的，则对应于机组引用流量 ΔQ 变化情况的进、出调压室的流量变化值是相等的。即

$$\Delta Z_C A_{TH} = \Delta Z_g A_{SV} \tag{4.4-10}$$

将式（4.4－9）代入式（4.4－10），即可导出与式（4.4－2）完全相同的关系式。

由上述推导过程可知，两种型式调压室的临界稳定断面面积相差 k_A倍的原因是：在同等的引水系统流量和压力的小波动变化过程中，气垫式调压室内的水位波动值只能是对应的开敞式调压室内水位波动值的 $1/k_A$倍，才能使得两种型式调压室具有相同的小波动稳定性能。

4.4.3　两种调压室临界稳定断面面积计算结果的比较分析

（1）计算结果的数值特征及其差别。当水电站发电引水系统的输水道结构尺寸和运行工况参数确定后，由式（4.4－1）求出的计算结果 A_{TH} 是一个确定的最大值，即对于一个设计参数确定的水电站，该计算结果不但是唯一的，而且能够满足系统在各种可能工况下的运行稳定性要求。因此，该计算结果是一个决定开敞式调压室体型结构和水力性能的重要设计控制参数。

在同等条件下，由式（4.4－2）求出的 A_{SV} 既不是一个确定值，也不是某个最大值或最小值，而是一个对应于系数项 k_A 的应变量。由于系数项 k_A 中 l_0

的相对可变范围很大，则 k_A 值可变范围也很大，因此由式（4.4-2）求出的 A_{SV} 可能在很大的范围内变化。例如对于同一电站，当气垫式调压室的体型由 $l_0=7\text{m}$ 的“矮胖形”改变为 $l_0=21\text{m}$ 的“瘦高形”时，其 A_{SV} 的变化约达3倍之多。此外，当气垫式调压室的位置高程作较大的改变时，A_{SV} 值也会发生较大的变化。因此，不能将式（4.4-2）定义的 A_{SV} 作为描述气垫式调压室体型结构和水力性能的一个独立的特征参数。

顺便指出，即使在气垫式调压室位置、体型确定的情况下，目前按式（4.4-2）求出的 A_{SV} 也是不正确的，因为在对式（4.4-2）中的 A_{TH} 按现行规范规定计算时，虽能确保所求出的 A_{TH} 为最大值，却同时有可能使得对应求出的 k_A 为较小值，从而将使得 A_{SV} 的计算结果偏于危险。

（2）计算结果的物理意义及其差别。如前所述，在“托马假定”条件下，不同型式调压室对水电站引水发电系统小波动稳定性的影响是通过调压室底部隧洞内水压力 H_{TB} 的动态特性差异来体现的。对于开敞式调压室，由式（4.4-4）以及式（4.4-9）、式（4.4-10）的推导过程可知，其断面面积的大小与其底部 H_{TB} 的动态特性具有唯一的对应关系，即 A_{TH} 具有明确的物理意义。根据 H_{TB} 的临界稳定条件即可求出开敞式调压室的 A_{TH} 值，该值对于不同断面形状、不同体型的开敞式调压室都是相同的。

对于气垫式调压室，由式（4.4-5）、式（4.4-6）可知，对于绝大多数实际气垫式调压室工程，因 k_A 远大于1，则 H_{TB} 的动态特性主要与室内气体体积及压力有关，而与室内断面面积基本无关。因此，在严格物理意义上，气垫式调压室不存在临界稳定断面的概念。目前国内外常用的式（4.4-2），实际上只是借用了著名的 A_{TH} 计算公式的形式而给出的气垫式调压室面积计算的一个数学表达式，与“临界稳定”概念基本无关。

4.4.4　气垫式调压室临界稳定气体体积的概念及计算公式

由式（4.4-5）、式（4.4-6）可知，对于气垫式调压室，由于 k_A 一般均远大于1，因此其 H_{TB} 的动态特性主要与室内气体体积及压力有关，即决定电站小波动稳定性的主要参数是气垫式调压室内的气体体积和压力。此外考虑到，在电站停机情况下，当气垫式调压室布置位置高程确定后，室内气体压力设计值是确定的；在电站各种运行工况下，因为 $pV=$ 常数，则室内气体压力与气体体积是唯一对应相关的。因此，当水电站引水发电系统的布置结构和运行工况参数确定后，能够描述气垫式调压室小波动稳定性的主要特征参数是其室内的气体体积，同时，该参数也是决定气垫式调压室体型结构的一个主要设计控制参数。

由于现行调压室设计规范规定调压室小波动稳定性以满足“托马假定”为前提，因此，将“气垫式调压室临界稳定气体体积”定义为：在“托马假定”条件下，能够满足电站在各种设计允许工况下正常稳定发电运行的室内最小气体体积。以 V_{TH} 表示，或称为气垫式调压室托马临界稳定气体体积。

关于 V_{TH} 的计算公式，由式（4.4－2）可以推导出：

$$V_{TH}=\frac{m(H_{U\max}-Z_{w0}+h_{a0})\sum Lf}{2g\alpha(H_{U\max}-H_D-2h_{wm0})} \tag{4.4-11}$$

式中：$H_{U\max}$ 为电站水库最高水位；H_D 为与 $H_{U\max}$ 相对应的电站最高尾水位；Z_{w0} 为在电站停机情况（包括允许漏气后的情况）下气垫式调压室内正常允许出现的最高设计水位；h_{a0} 为当地大气压，即 $h_{a0}=p_{a0}/\gamma$；m 为理想气体多变指数，建议取 $m=1.4$；其他符号意义同前。

参照现行设计规范定义调压室稳定断面面积“安全系数”的概念，现定义：气垫式调压室稳定气体体积安全系数 K_V 为

$$K_V = V_{air0}/V_{TH} \tag{4.4-12}$$

式中：V_{air0} 为与式（4.4－11）中的 Z_{w0} 相对应的气垫式调压室内实际气体体积。

工程实践中，稳定气体体积安全系数 K_V 一般可采用1.2～1.5。表4.4－1是某水电站不同设计工况静态水深下的安全系数计算列表。

表4.4－1　　某水电站不同设计工况静态水深下的安全系数计算表

设计工况 静态水深 L_{s0}/m	临界稳定 气体体积 V_{th}/m³	室内 气体体积 V_0/m³	稳定气体体积 安全系数 K_V
3.0	8645	12773	1.48
3.2	8639	12557	1.45
3.4	8633	12341	1.43
3.6	8627	12126	1.41
3.8	8621	11910	1.38
4.0	8614	11695	1.36
4.2	8608	11479	1.33
4.4	8602	11263	1.31
4.6	8596	11048	1.29
4.8	8590	10832	1.26
5.0	8583	10617	1.24
5.2	8577	10401	1.21

续表

设计工况 静态水深 L_{s0}/m	临界稳定 气体体积 V_{th}/m³	室内 气体体积 V_0/m³	稳定气体体积 安全系数 K_V
5.4	8571	10185	1.19
5.6	8565	9970	1.16
5.8	8558	9754	1.14
6.0	8552	9539	1.12

根据表4.4-1，选定的设计工况静态水深3.5时，气垫式调压室的稳定气体体积安全系数为1.42。因摩阻系数取值对安全系数计算结果的影响很大，为计及摩阻系数取值可能不准确的不利影响，确保电站的安全稳定运行，取稍大值是合适的。

对于选定的气室初始静态水深，图4.4-1给出了气垫式调压室水平截面的面积从800m²增加到1200m²时，蜗壳进口、调压室底部隧洞中心及气室内压缩空气的瞬变过程中压力极值的变化；图4.4-2给出了蜗壳进口处压力上

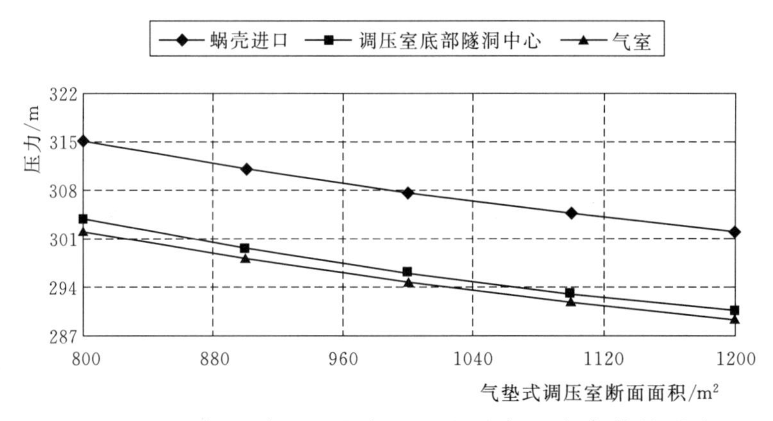

图4.4-1　气垫式调压室断面面积对各压力参数的影响

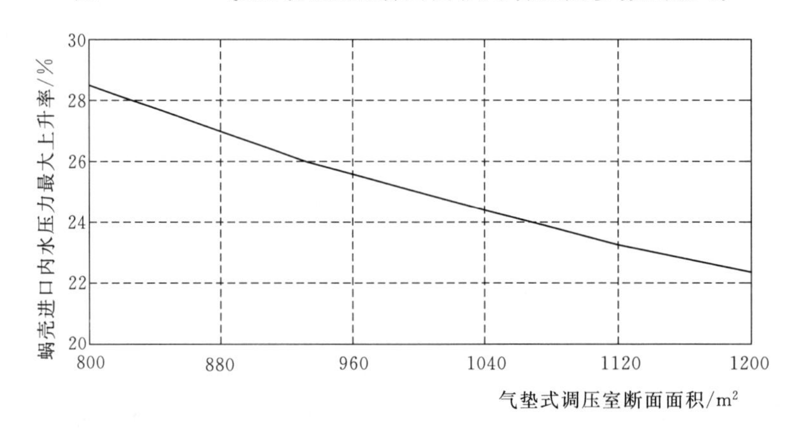

图4.4-2　气垫式调压室断面面积对 ζ_{max} 的影响

升率的变化。可以看出，随着气室内气体体积的增加，蜗壳进口处最大压力由315m降低到约302m，即气垫式调压室的稳定气体体积安全系数提高时，对大波动计算结果也是有利的。但在气室规模（气体体积）增加50%的条件下，对大波动的改善不是非常明显。

4.5　室内气体动态特性

4.5.1　概述

气垫调压室与常规调压室的不同在于其室内的高压气体，正常运行时高压气体起着降低室内稳定水位作用；在出现事故运行工况（如事故甩负荷紧急停机）时，起着反射水锤压力，保护机组与输水道安全的作用，故气垫调压室内部的高压气体动态特性至关重要，是进行气垫调压室一切相关研究的基础。

气垫调压室内的气体是由空气和水蒸气混合而成的实际气体。室内气体与边界不仅存在热交换还有物质交换，为一开放的热力学系统，考虑到气体的溶解度相当小，另外在常温下水的饱和蒸汽压相当低，气体中水蒸气含量相对较少，由此产生的相变潜热亦较少，故可忽略由气体溶解（释放）引起的物质交换及水汽变化引起的物质交换和相应的热交换，这样便可将气体近似作为封闭系统，即与边界仅有热交换而无物质交换，气体按理想气体处理。其多方过程方程式为

$$PV^n = const \tag{4.5-1}$$

式中：P为气团的绝对压力；V为气团体积；n为多方指数，其取值范围为$-\infty \sim +\infty$，其中，等温过程为$n=1$，绝热过程为$n=1.4$。

通常认为，气垫调压室封闭气室内的气体过渡过程特性介于绝热过程和等温过程之间，即$n=1.0\sim1.4$，具体应用可取平均值$n=1.2$。但分析研究可知，该过程中封闭气体的比热容为负，即如室内气体吸收热量，气体温度反会降低，该热力学过程是否真实，如何在水电站输水系统过渡过程中具体实现须有一合理的解释。气垫调压室封闭气室内的气体过渡过程中气体特性非常复杂，气体既不是等温过程也不是绝热过程，因而气体多方指数n也不是常数。由于n的取值不同对输水管道系统水流冲击气团的计算结果影响较大，n如何取值，到目前为止还没有给出满意答复。许多学者在进行气垫调压室研究计算时，将n取值为1.2（介于等温和绝热之间），澳大利亚学者Graze对此提出了质疑，并提出了有理热传递方程，由于气垫调压室中的热传递不仅存在于气体与固体之间，还存在于气体与变动的水体之间，如果温度变化较大还有相变潜

热，热传递系数难以准确得到，该方程一直未能推广使用。

4.5.2　气垫式调压室气体动态特性理论分析

（1）气体比热容与气体多方指数关系。多方过程的 $C-n$ 曲线是以 $n=1$ 和 $C=C_v$ 为渐近线的等轴曲线，图 4.5-1 中绘出了气体多方指数 n 与比热容 C 之间的关系曲线。

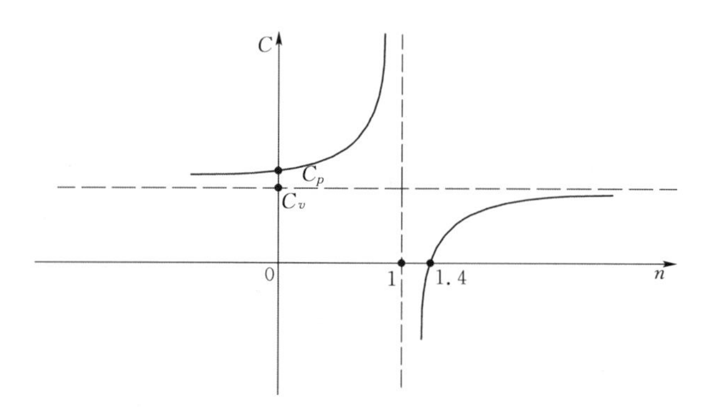

图 4.5-1　气体比热容与气体多方指数关系

由图 4.5-1 可以看出：

在 $0<n<1$ 的范围内，$C>0$，气体吸收热量，温度升高，且对外做功，而且当 n 由 0 变化到 1 时，C 由 C_p 变化到 $+\infty$；

在 $n>1.4$ 的范围内，$C>0$，且随着 n 的增大，由 0 变化到 C_v；

在 $1<n<1.4$ 的范围内，$C<0$，即气体放热升温（气体放热的同时，体积减小，压强增大，温度升高），C 由 $-\infty$ 变化到 0；

在 $n<0$ 的所有过程中，均有 $C>0$，即气体吸收热量，温度升高，且 C 由 C_v 变化到 C_p。

（2）瞬变过程中气体特性的理论分析。通常认为，管道内的气体过渡过程特性介于绝热过程和等温过程之间，即 $n=1.0\sim1.4$，具体应用常取平均值 $n=1.2$，而从图 4.5-1 中可以知道，此时封闭气体的比热容应为负，由于比热容的定义是温度升高（或降低）所吸收（或放出）的热量（不包括外界所做的功），由此可知，如果给气垫调压室内气体加热，则会导致室内气体温度的降低。若室内气体在瞬变过程中特性按照单一的多方过程（即气体多方指数采用单一的常数）处理，无法解释实验结果。

假设输水管道系统在运行中，由于某种原因（如事故断电）引起了管道内的压力波动，输水管道系统本身的力学平衡被打破，管道内水体对气垫调压室气体系统施加了边界功，室内的气体所发生的过程可分为 4 个子过程：压缩子过程 1；膨胀子过程 2；膨胀子过程 3；压缩子过程 4。

1）压缩子过程 1。对于该过程，压力水体对封闭气体系统做功，由此导致封闭气体系统内能增加，温度升高，与边界产生温度梯度，系统对边界输出热量，故该子过程中，封闭气体系统放出热量反而温度上升，这实际上是由于输入的边界功大于系统放出的热量造成的，在该子过程结束时，输水管道系统的动能全部转化为势能，封闭气体内气体温度高于边界，与边界不满足热平衡要求，即封闭气室系统与外界存在温度差，从该子过程的综合效果可以看出 C 小于 0，n 小于 1.4。

2）膨胀子过程 2。由于压缩子过程 1 结束后封闭气体系统与边界没有满足热平衡，同时输水管道系统本身的力学平衡也不满足，为使系统恢复平衡，从而运动继续进行，在此过程中由于封闭气体系统温度高于边界，故封闭气体系统会继续向边界传热，同时封闭气体系统也对边界做膨胀功，导致其系统内能减少温度降低，故在该子过程中比热容 C 明显为正。另外，如果传热仅引起温度下降，而不输出膨胀功，即封闭气体体积不变，系统的比热容将等于定容比热容 C_v，但膨胀功的存在，导致在该子过程中产生的降温效果会好于等容过程，也就是说，如果让系统降低同样的温度，采用膨胀过程 a 所放出的热量必然会小于采用等容过程所放出的热量，这意味着该子过程中 $C<C_v$，从图4.5-1中不难发现，此过程相应的 n 应该是大于 1.4 的，这与试验结果一致。

该子过程结束后，封闭气室系统与外界近似满足热平衡（封闭气室系统与边界同温），输水管道系统的势能全部转化为动能，与压缩子过程 1 不同的是，此时封闭气体内水体流速方向与前者相反。

3）膨胀子过程 3。由于膨胀子过程 2 结束后输水管道系统尚未满足力学平衡，封闭气室系统继续膨胀对外做功，从而导致内能继续减少，温度降低，热平衡又被打破，与边界重新形成了温度差，不同于压缩过程 1，在此子过程中，封闭气室系统的温度是低于边界的，即该子过程是吸收热量的，但由于膨胀功大于所吸收的热量，在该子过程中温度反而降低，从而导致比热容为负，类似于压缩过程 1，该子过程的综合效果反映出了 C 小于 0，相应的 n 小于 1.4。在该子过程结束时输水管道系统的动能全部转化为势能，封闭气室内气体温度低于边界，与边界不满足热平衡要求。

4）压缩子过程 4。类似于膨胀子过程 2，该子过程的综合效果反映了封闭气室系统在该过程中吸收热量，温度升高，比热容 C 为正，但仍小于等容比热容 C_v，相应的 n 也应该是大于等于 1.4。该子过程结束后封闭气室，系统与外界达到热平衡，但输水管道系统的力学平衡尚未满足，管道系统又重新类似于压缩子过程 1 开始进行新的热力学循环。

（3）气室能量耗散机理及 $n>1.4$ 的理论解释。如将气室内气体在瞬变过程中特性按单一多变过程处理，由于室内气体在完成一个热力学循环后，内能没有发生变化，所输出的净功为零，根据热力学第一定理，与外界发生的热交换的净效果（室内气体输出或流入的净热量）也应该为零，这样从能量转换角度来看，同常规开敞式调压室一样，气室仅被当作了一个贮能装置，对引水系统的能量变化不产生任何作用，而实际上由于气室是一个自发的被动调压装置，在瞬变过程中气室内高压气体与边界的热交换对能量的耗散是起一定作用的，即它还应是一个耗能装置，而单一的多变过程是无法解释气室内气体如何耗散引水系统不平衡能量。

根据热力学第二定理：

$$\oint \frac{\delta Q}{T} \leqslant 0 \tag{4.5-2}$$

该定理反映了气室内气体在经历了一个热力学循环后，与外界进行的热交换的总效果，式（4.5-2）中气室内气体以吸收热量为正，放出为负。从以上分析可以知道，气室内气体的吸热与放热存在于不同的子过程中，如果气室内水体温度与岩壁温度可认为近似不变，则在吸热过程（膨胀子过程2，3）中气体的温度是小于放热过程（压缩子过程1，4）的，前者气体平均温度小于边界温度，而后者大于边界温度，这样，根据式（4.5-2），气室内气体在经历了一个热力学循环后，放出的热量必然多于吸收的热量，而这部分能量来源则通过输水管道系统对气室内气体所做的功 $\oint P\mathrm{d}V$ 而得到，也就是说，输水管道系统水体的部分动能通过对气室内气体做功（即 $\oint P\mathrm{d}V$）而转化为热量耗散了，图4.5-2中阴影部分面积反映了气室内气体在经历了一个热力学循环后所耗散的输水管道能量，它实际上就是气室内气体在经历了一个热力学循环后所输出的净功，如果是单一的多变过程，图4.5-2中阴影部分面积将为0，即一个热力学循环后所输出的净功为0，由于图4.5-2中箭头方向为顺时针，故该净功为负，即从输水管道系统获得了净输入功，造成这一切的原因就在于气室内气体经历了一个热力学循环过程中，压缩子过程4与膨胀子过程2的斜率大于

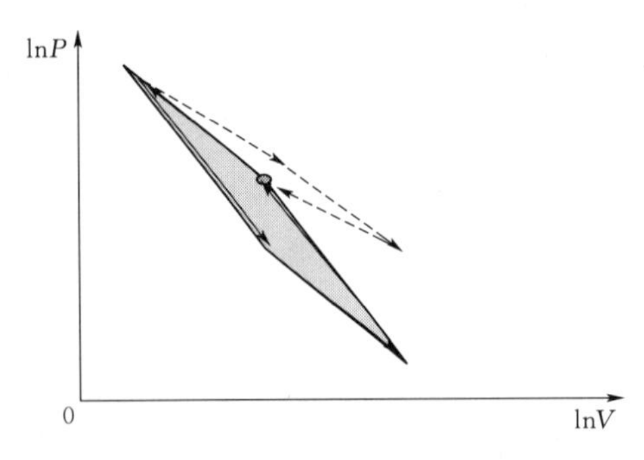

图4.5-2　气室内能量耗散机理示意图
（热力学循环过程图）

压缩子过程1与膨胀子过程3的斜率，否则，该热力学循环过程如图4.5-2中虚线所示，反映了气室内气体在经历了一个热力学循环后输出的净功为正，由于完成一个热力学循环过程后，气室内气体内能（状态量）保持不变，根据热力学第二定理，该过程输出了热量，即气室内气体在完成一个热力学循环后既输出了热量又输出了净功，显然与热力学第一定理矛盾，故图4.5-2虚线所示所反映的热力学过程实际上是不会发生的。如果压缩子过程1与膨胀子过程3可以近似当作绝热过程处理（$n=1.4$），则在压缩子过程4与膨胀子过程2中多方指数的取值必然存在大于1.4的可能性，它从另一侧面反映了采用四过程理论来分析气室内气体在输水管道系统瞬变过程中的特性的合理性及相关结论的正确性，同时也表明，水道系统通过压缩过程对气室内气体做的功大于气室内气体通过膨胀过程对水道系统做的功。

需要说明的是由于气室内气体本身的内耗存在及输水管道水头损失的存在，其内部可逆性要求只是近似满足的，而外部可逆性由于热交换存在则是无法满足的，同时，瞬变过程结束前后的稳定点也不相同，这些均表明气室内气体难以完成一真正的热力学循环过程，从试验实测数据中不难看出该过程的起点与终点实际上是不闭合的。本文分析中由于做了内部可逆性假设，也就近似认为如果气室的水体完成一个水位波动周期，气室内气体则完成了一个热力学循环过程。

通过本节对管道气体瞬变过程的定性理论分析可知，这实际上是管道瞬变过程中压缩子过程4与膨胀子过程1在总瞬变过程中产生的综合效应大于压缩子过程1与膨胀子过程3所引起的。

在4过程热力学分析中，尽管每一子过程中的热容是变化的，但可以从每个子过程的综合效果考虑，以此确定各个子过程的n值，并认为在不同的子过程中气体多方指数n可取不同的常数。美国Moose河水电站气垫调压室经过水力计算与现场甩负荷实测数据对比后发现，如果多变指数n取1.43，计算结果与实测结果较$n=1.4$更吻合，对于为何n大于1.4，文献中简单的解释为漏气所致，并没有进行深入理论探讨，由于系统甩负荷过程较快，且Moose河水电站气垫调压室为钢筋混凝土结构，漏气不可能很大。另外，如果假设气室完全漏气，则气垫调压室等同于常规开敞式调压室，室内气体过渡过程应为等压过程，即室内气压恒为当地大气压，此时n为0，这些均表明漏气很难产生n增大的效果，相反可能出现n减小的效果，故该简单解释难以令人满意。通过对气室气体瞬变过程的定性理论分析可知，这实际上是气室瞬变过程中压缩子过程4与膨胀子过程2在总瞬变过程中产生的综合热效应大于压缩子过程1与膨胀子过程3所引起的。

4.5.3　气垫调压室气体动态特性研究结论

通过上述试验和理论分析可以看出：

（1）气室内封闭气体在瞬变过程中，气体多方指数 n 在管道系统发生水力过渡过程时存在较为显著的变化，并非单一常数，从而提出了相应的4过程：压缩子过程1、膨胀子过程2、膨胀子过程3和压缩子过程4。

（2）分析研究指出：在不同的子过程中气体多方指数 n 是不同的，在压缩子过程4与膨胀子过程2中，气体多方指数 n 取值为1.4～1.6；而在压缩子过程1与膨胀子过程3中，气体多方指数 n 取值近似为1.15，而通常认为发生在管道封闭气室内气体瞬变过程的特性介于绝热过程和等温过程之间，即 $n=$ 1.0～1.4。

第5章　设备选择和自动监测系统设计

5.1　气系统设计

5.1.1　气系统设计的任务

气垫式调压室气系统设计的任务是为气垫式调压室气室充气、按设计控制值向气室补气和安全也将气室中气体排出。

气室充气、补气（排气）系统由空气压缩机（减压装置）、阀门、管网、测量及控制元件等组成。

设计内容为调压室内气体的漏气量的估算、选择充气、补气空压机设备、绘制系统图和施工详图。

5.1.2　设备的选择

本小节涉及气垫式调压室充气和补气空压机的选择、布置等。

在气垫式调压室充水完成后，将启动充气空压机向气室充气。由于气室容量大，压力较高，充气空压机一般为生产率大的中压空压机。充气时间的长短会对电站机组第一次投运时间产生一定影响，故充气时间不宜超过15天。

由于气垫式调压室内气体漏气，气压降低同时水位上升，达到补气空压机补气阈值时，将启动补气空压机向气室充气。连续工作时间不宜超过5天。

5.1.2.1　大容量空压机设备情况简介

目前气垫式调压室常用的大容量空压机设备，大致有：20m^3/min，4MPa；18m^3/min，4MPa；15m^3/min，4MPa；10m^3/min，4MPa；7.5m^3/min，4MPa；6.3m^3/min，4MPa；3m^3/min，4MPa；1m^3/min，4MPa 等规格，其设备参数汇总详见表5.1-1。

5.1.2.2　空压机的选择

（1）充气空压机的选择。充气空压机排气量大，排气压力高，造价较高，仅在气室初充气时使用，为避免设备闲置，可不设置备用充气空压机。充气空压机的配置数量应考虑空压机布置、造价、耗电量及运行维护等因素，根据不同的空压机投资，以及相应的充气时间所产生的电量损失，经技术经济比较后，最终确定充气空压机的生产率和配置数量，但数量不宜少于2台。

表5.1-1　大容量空压机设备参数汇总表

生产率	排气压力	单台功率	单机尺寸长 L	单机尺寸宽 W	单机尺寸高 H
m^3/min	bar	kW	m	m	m
20	35	250	3.1	2	2.99
18	40	240	2.61	1.6	2.14
15	40	155	2.6	1.23	2.14
10	40	110	2.6	2.4	1.23
6.3	40	55	2.26	1.25	1.37
3	40	55	2.26	1.25	1.37
1	40	48	1.6	1	1.2

充气空压机的总生产率应根据气室设计静态工况的室内气体绝对压力 P_0、气室初始气体体积 V_0、气室漏气量、充气时间确定。

在电站第一次充水时，可以根据预计发电时间，在输水管路具备充水条件的前提下，提前进行充水、充气，所以原则上讲充气时间的长短不会对机组发电产生影响；在输水管路放空检查后再充水正式发电时，充气时间的长短对机组发电将产生直接的影响。

当调压室采用一次性充水方式，调压室的充气时间可按下式计算：

$$T = K_h \frac{P_0 V_0}{ZQ} \text{(h)} \qquad (5.1-1)$$

式中：T 为调压室的充气时间，h；P_0 为气垫式调压室内气体初始设计压力，bar；V_0 为调压室中气体体积，m^3；Z 为投运的空压机台数，台；Q 为投运的空压机实际排气能力，m^3/h；K_h 为海拔高度对空压机生产率修正系数，见表5.1-2。

表5.1-2　海拔高度对空压机生产率修正系数表

海拔高度/m	0	305	610	914	1219	1524	1829	2134	2438	2743	3048	3658	4572
修正系数 K_h	1.00	1.03	1.07	1.10	1.14	1.17	1.20	1.23	1.26	1.29	1.32	1.37	1.43

当调压室采用多段充水方式时，可参照公式（5.1-1）计算相应的充气时间。

根据不同的空压机投资，以及相应的充气时间所产生的电量损失，经技术经济比较后，即可确定充气空压机。

（2）补气空压机的选择。补气空压机自动启停且使用概率大，应设置两台工作能力相当的空压机，互为备用。补气空压机的生产率根据气室漏气量、控制阈值确定。

1）补气空压机的选择原则有：①气垫式调压室内气体的漏气量；②P_0V_0值及允许的偏差值，即需要补充的气量；③补气空压机连续运行时间和补气周期。

需要补充的气量与补气空压机启动整定值有较大关系，应根据水力过渡过程计算成果结合补气空压机的选择、补气空压机连续运行时间和补气周期综合考虑。

2）补气空压机的确定。由于电站补气工作空压机通常设置在调压室交通廊道内，无可靠的冷却水源，所以补气空压机宜采用空冷。

目前国内常用的空冷空压机的排气量为：0.5m³/min，1m³/min，2m³/min，最大的为 3m³/min，排气压力等于气垫式调压室内气体的设计压力。

补气空压机的工作时间，可按下式计算：

$$T=\frac{V}{60\left(Z\dfrac{Q_r}{K_h}-\sum q\right)} \tag{5.1-2}$$

式中：T 为补气空压机工作时间，h；V 为需要补充的气体体积，m^3，自由空气；Z 为投运的空压机台数，台；Q_r 为补气空压机的排气量，m^3/min；$\sum q$ 为气垫式调压室内气体的漏气量，m^3/min；K_h 为海拔高度进行修正系数，见表 5.1-2：海拔高度对空压机生产率修正系数表。

5.1.2.3 排气设备的设置

气垫式调压室的排气对电站安全运行非常重要。根据气垫式调压室运行要求，当气室水位过低或气室检修时，应设置可靠的排气设施用于气室排气。

在所有的排放设备前均宜设置减压阀，确保排放时不会引起事故，排气管口应布置在能安全排气的地方。

为确保安全，排气设施应设置两套，一套工作，一套备用。排气设施的排气能力不应过小，排气设施应能自动排气，并可根据需要手动排气。排放时，操作人员应远离排放区，确保人员安全。

5.1.3 系统图

图 5.1-1 为典型的气垫式调压室气系统图示例，可供设计参考。

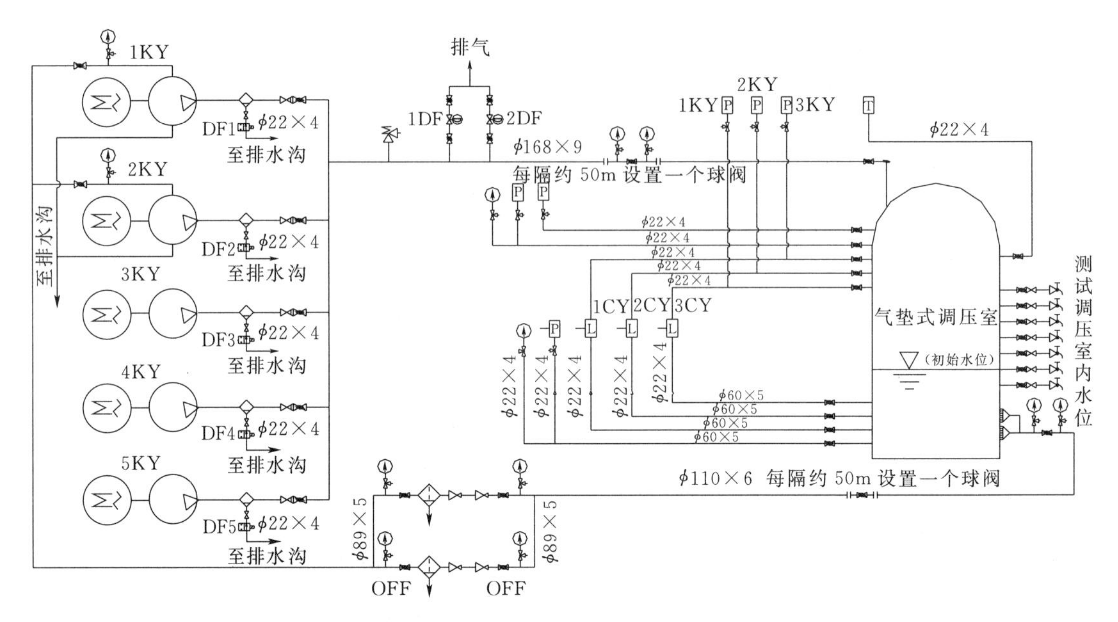

图 5.1－1　典型的气垫式调压室气系统示例图

5.1.4　设备布置

空气压缩机宜布置在靠近气室干燥的地方。接入气室的管路，应在靠近气室的明管段设置检修球阀，供气管路上还应设置止回阀。管路宜选用不锈钢无缝钢管，若非不锈钢无缝钢管，钢管壁厚应考虑足够的腐蚀裕量。对于埋设在混凝土内与气室相通的管路，应有备用。

5.2　水 系 统 设 计

5.2.1　水系统设计的任务

采用水幕闭气的气垫式调压室，需设置水幕供水系统。气垫式调压室的水幕供水系统由水泵、安全泄放装置和管路组成。

5.2.2　水幕水泵的选择

水幕水泵的选择主要是确定水泵扬程和水泵生产率。

若从调压室取水经加压泵加压至水幕设计压力供至水幕室，则水泵扬程 H 可按下式计算：

$$H=\Delta P+\sum h_w+(Z_1-Z_2)\qquad (\mathrm{m})\qquad (5.2-1)$$

式中：H 为水泵扬程，m；ΔP 为水幕设计压力比气垫式调压室内气体初始设计压力高出值（m水头）；可取 $\Delta P=20\sim50$（m水头）；Z_1 为水幕顶高程，m；Z_2 为气室水面高程，m；$\sum h_w$ 为管路水头损失，m。

水泵的最终工作压力应在完工后得出气垫漏气量和水幕水压值后加以确定。一般可设置2台卧式离心式加压水泵用于水幕供水用，一台工作，一台备用。

由于水幕设计压力和渗漏量与工程地质条件、施工质量有较紧密的关系，事前很难准确预估及水泵扬程随流量的增大而减小，同时水泵运行一段时间后因磨损等原因会引起流量及扬程下降，因此应考虑留足够的余度。

5.2.3　安全泄放装置的选择

为避免气垫式调压室水幕系统的压力超过设定范围，在水泵扬水管的合适位置设置安全泄放装置，泄放压力设定为水幕最高压力。

5.3　运行监测系统设计

5.3.1　运行监测系统的设计任务

气室水力监测项目包括气室水位、气压、气体温度（可不测）、水幕室水压等。

5.3.2　水力监测系统的设置规定

（1）水力监测自动化元件及仪表宜尽量靠近气室。在气室内设置3个测量断面，测出3组气压、水位值，采用逻辑判断取其2组较接近的数值为有效值进行算术平均，作为设备运行的控制值。

（2）在气室不同高程设置手动验水管路。

（3）气室水位宜采用差压变送器测量。气体温度可采用埋入式温度计或温度传感器测量。压力变送器的测量精度应满足测量及控制要求。

（4）水力监测自动化元件应定期校验，测量管路应定期排水排气检查。

（5）水力测量管路宜选用不锈钢管，应留有备用管路。

5.4　气体运行控制模式及运行控制常数阈值选择

5.4.1　运行控制模式选择

气垫式调压室内气体是封闭的，室内气压随水位变化而变化，水位波动时，其幅度受气压抑制。为了控制气垫式调压室的正常运行，有3种模式可供选择：等水位模式、等气压 P 模式、等 PV 值（P 为绝对气压，V 为气体体积）模式。其中，等水位模式和等气压 P 模式在实际运行中较难实现，因为电站水库水位和电站引用流量在不断变化，与隧洞连接的气垫式调压室底部压力在不断变化，相应气垫式调压室内的水位、压力也在不断变化，如按等水位模式或等气压 P 模式控制气垫式调压室内的水位、压力，则需要频繁地操作调压室用补气空压机和排气装置，从而给电站运行控制带来极大的不便。而等 PV 值模式则综合考虑了水位、气压的变化，调节范围易于控制，电站实际运行比较便利。

若气垫式调压室内气体温度恒定且无泄漏，即气体处 PV=常数的理想状态，在任一正常稳定发电运行工况时可以不必操作空压机和排气装置等外部设备。换句话说，理想情况下，只要正常运行时 PV 值符合设计要求，则不再需要进行任何补、排气操作，即可保证气垫式调压室的长期安全可靠运行。由此可见，对于气垫式调压室设计来说，选择一个合适的 PV 值，对简化电站运行管理、保证工程运行安全，具有十分重要的意义。

合适的 PV 值是指在电站水库水位设计变化范围内的任一水位下，机组在任意稳定运行工况及其可能发生的各种过渡过程工况下，气垫式调压室内的最高、最低水位及其最大、最小气室压力均能满足设计控制要求。

为了使用方便，将气垫式调压室面积在其水位可能变化范围内折算为“等面积”，PV 值可改写为 PL 值，这里 L 称为气室折算高度。采用“等 PL 值”模式控制时，通常选择一个合适的 PL 值，称为气室控制常数 C_T，$C_T=PL$，该常数不但与工况无关，而且与气垫式调压室的面积基本无关。

由于气垫式调压室室内气体的漏损是不可避免的，因此在实际运行中向气垫式调压室补气是必要的。

5.4.2　气垫式调压室控制常数 C_T 选择

（1）气室控制常数取值工况及设计值 C_{T0} 的选择。根据水流能量方程和引水系统结构设计参数，电站在某一运行状态（包括停机状态），可建立如下关系式：

$$P=L+H_u-RQ^2-E_t+P_a \tag{5.4-1}$$

式中：P、L 为某一稳定运行工况的气垫式调压室绝对气压和气室折算高度；H_u 为水库水位；Q、R 为隧洞流量、从进水口到气垫式调压室处的引水隧洞总水头损失系数；E_t 为气室折算顶高程；P_a 为水库水面上的大气压力。

由式（5.4-1）可见，P、L 之间存在着确定的关系。

通常，拟定水库正常蓄水位、停机状态（$Q_0=0$）的工况作为常数 $P_0L_0=C_{T0}$的设计取值工况。

考虑到气室控制常数的不同取值对于整个输水系统的大波动过渡过程计算成果有较大影响，可以拟定不同的控制工况，计算不同的 C_T值，以便取得一个合适的值 C_{T0}。

（2）C_T变化范围的选择。对于完全密闭的气室内气体，如果其动态特性满足理想气体等温过程的 PV =常数的变化规律，则选定的 C_{T0}值是不会变化的。但是，由于气垫式调压室室内气体的漏损是不可避免，同时，在机组增、弃负荷的大波动过渡过程中，其动态特性也不可能完全遵循等温过程规律，即其状态方程的多变指数 n 应是在 1.0～1.4 范围内的变数。因此，在实际工程使用时，考虑到气体的漏损气室控制常数 C_T 允许有合适的变化范围，其最小值和最大值用 $C_{T\min}$ 和 $C_{T\max}$ 表示。

C_T 的动态变化范围与机组运行工况、过渡过程工况、输水道糙率取值、气体多变指数 m 取值以及水库水位等参数有关。

5.4.3　气垫式调压室控制阈值选择

为确保电站安全运行，必须设置气垫式调压室补气、排气、报警、紧急停机等一系列控制阈值。根据前述分析，设置阈值的控制参数为：气室控制常数 C_T、室内水深 L_s。

（1）补气阈值的选取。在选定设计值 C_{T0} 的情况下，除非遇到非常特殊的事故情况，一般该 C_{T0} 值即为气室的最大值 $C_{T\max}$，也即为所有充气、补气空压机的停机阈值。

由于气体漏损，在 $C_{T\min}$和 $C_{T\max}$之间的变化范围内，根据补气操作的间隔时间、补气耗时、信号量测及传输精度等方面的综合考虑，可设置空压机启动补气阈值。

第 1 台空压机（主用）启动补气的阈值设置为 $C_{补1}$、第 2 台空压机（备用）启动补气的阈值设置为 $C_{补2}$，以此类推。

当补气失效、C_T继续减小（气室内水深升高），作警示性报警（亮灯，响铃），即设置报警阈值 $C_{警}$。

当 C_T继续减小并接近 $C_{T\min}$时，应设置紧急停机阈值 $C_{停机}$。

（2）排气阈值的选取。在正常情况下，气室是不必要进行排气操作的。但在非正常情况，当 C_T 大于 $C_{T\max}$ 时，可设置排气阈值，启动排气操作。排气阈值应考虑气室对水深 L_s 的要求。

当 C_T大于 C_{T0}（即 $C_{T\max}$）某个值时，设置第一档排气阈值 $C_{排1}$。

当C_T继续增加（水深L_s继续下降），设置第二档排气阈值$C_{排2}$。

当气垫式调压室水深较低时，不论C_T大小，也应启动排气操作，排气阈值设置为$L_{s排}$。

当气垫式调压室水深小于安全水深时（安全水深的设计值通常取为$L_s \geq 2.0m$。该安全水深是指在出现最低涌波水位控制值时，调压室底板以上的水体深度），应设停机阈值为$L_{s停机}$。

当水位回升到$L_s \geq L_{s0}$时，关闭排气阀。

5.4.4　长距离监测系统的监测数据处理方法

部分电站气垫式调压室的监测设备（自动化元件）布置在远离气垫式调压室的其他地方，测压管道长度超过300m，压力传感器远离被测对象——气垫式调压室，当气垫式调压室内水位、气压波动时，该动态信号经过300m以上的测压管道后，其所监测到的信号将可能与原信号有较大的差别（其中不但可能存在幅值差，而且可能还会有相位差），若偏差太大，将会严重影响气垫式调压室的监测与控制，危及电站的安全运行。

为此，进行了以下三方面的研究工作：

1）通过模型试验，研究不同长度、不同管径的测压管道系统对于不同频率动态信号的响应特性；研究不同测压管道系统对不同动态信号的幅值、相位的影响规律。

2）利用试验成果，通过理论分析，研究木座水电站气垫式调压室测压管道系统的合理设计方案（测压管道管径及其布置型式）；研究该电站气垫式调压室内的真实动态信号与传感器所测到的动态信号之间的对应关系。

3）通过数值仿真分析，预测在电站各种过渡过程工况下，传感器所测到的压力动态信号的变化幅值及变化过程，以便选定合理量程、精度的传感器，并可用于指导现场试验的观测和分析。

经对试验结果的分析，得出如下主要结论：

1）对于管长不超过300m的类似试验系统的测压管道系统而言，管长对管道末端压力值测量结果的影响不大，但对末端压差值测量结果有不利影响，需进行进一步论证计算和分析确定。

2）从管道末端压力值测量结果看，小管径DN32的首末相位差较小，对末端压力值的测量精度影响较小，但其幅值衰减较快，对较长管道可能造成末端信号较弱，以致可能导致较大的测量信号误差。

3）从管道末端压差值测量结果看，大管径DN100的末断面水—气相位差较小，则用其来测量时，末端压差信号会比较可信。

4）具体的管道参数选择应首先依据工程布置要求选择较短的管道，待管长选定后，再选定管径。如果管长较短，选择较小管径是可行的；如果管长较长，则应选择略大一些的管径。

5）对于测压管道长度超过 300m 的测压管道，管径可取为：DN50～DN100。更精细的数据分析与处理将通过试验结果与数值仿真计算分析后论证确定。

第6章　高压隧道设计

高压引水隧洞是引水式电站的重要组成部分之一，随着气垫式调压室在自一里、木座、小天都、金康等水电站的应用，隧洞承受的内压越来越高。除自一里、民治电站采用长低压隧洞后，竖井集中压低至气垫式调压室高程布置方案，仅部分洞段承受3.92MPa高内水压力外，其余采用气垫式调压室的水电站有压隧洞均采用“一坡到底”至气垫式调压室高程（接近于水轮机安装高程）。隧洞绝大部分处于高内水压力状态，其中小天都电站引水隧洞最大内水压力达4.44MPa，内水压力大于1.0MPa的引水隧洞长约5km。

气垫式调压室电站的优点不仅是调压室布置灵活，更主要是其引水隧洞采用“一坡到底”方式布置，沿河岸布设施工支洞，减短施工公路，减少对环境的破坏。但大洞径高内水压力隧洞的支护设计、防渗处理难度相对增大，相关问题的研究对采用气垫式调压室的引水式电站设计尤为重要。国内外部分工程高压隧洞参数见表6.0-1。

表6.0-1　　国内外部分工程高压隧洞参数表

	电站名称	承受静水头/m	水道类型	过水断面/m	地质情况	运行情况
挪威	Tafjord	780	压力水道、隧洞		片麻岩	不衬砌气垫式调压室静压力75kg/cm，一度限制运用，设置水幕后，漏气很少
	hovatn	475	压力水道、隧洞		花岗片麻岩	破碎带用现浇混凝土支护。缝隙用灌浆止水，运行无问题
	kvilldal	465	隧洞		片麻岩	不衬砌气垫式调压室静压力41kg/cm，体积110000m^3。漏气量1～4Nm^3/min，允许
	tjodan	890	压力水道		片麻岩	运行无问题，实测渗水量2L/s

续表

	电站名称	承受静水头/m	水道类型	过水断面/m	地质情况	运行情况
中国	自一里	392	引水隧洞	4.2×4.6	花岗岩、闪长岩	
	福堂	120	引水隧洞	D=10.4/D=9	花岗岩	运行良好
	小天都	444	引水隧洞	6.2×6.05	花岗岩	
	天湖	617	压力水道	D=4	花岗岩	运行良好
	广州抽水蓄能	629	压力水道	D=8	花岗岩	运行良好
	周宁	80	引水隧洞	D=6.8	花岗岩	运行良好
		546	压力水道	D=4.7		
	硗碛	170	引水隧洞	底宽 3.5m 顶拱半径 2.25m	纤枚岩、斑岩	
	狮子坪	155	引水隧洞	底宽 4.32m 顶拱半径 3m	花岗岩	
	宝泉	568	压力水道	D=6.5	泥灰岩、石英砂岩、片麻岩	
	天生桥二级	83	引水隧洞	D=8.7/9.8	石灰岩、白云灰质岩	

6.1 布 置 原 则

高压引水隧洞布置应结合地形、地质条件，尽量使洞线处于地质构造简单、围岩完整、稳定性好的围岩内，并考虑施工支洞布置、施工工期、交通条件等因素。使洞线布置短，水力条件较好。根据国内外的工程经验，高压引水隧洞布置要达到结构安全，支护量少，工程投资节省，应整体满足围岩完整性、埋深、最小地应力和渗透性条件，对于不满足条件的局部洞段可采用衬砌、灌浆等工程措施处理。

6.2 断 面 选 择

高压隧洞获得最佳线路布置后，首先应确定隧洞断面型式及承受内水压力大小，并了解分析水文地质情况。断面选择考虑施工难易程度和永久支护安全经济性两大因素。过去已建引水隧洞的支护设计大部分将围岩作用作为荷载考虑，支护体承担内、外水压力、自重、山岩压力等荷载，因此，高压隧洞断面形状常采用圆形，主要是考虑曲线形边界受力条件较好，有利于加固围岩，以及水力特性较好，具有最大过水能力等特点。但随着有限元计算方法在地下洞室围岩稳定分析中的应用以及工程实践经验的积累，一种围岩结构的设计观点正越来越被普遍接受。即认为衬砌或支护体是对围岩加固的措施，围岩是承受内水压力的主体。衬砌或喷护的主要目的是防止高压隧洞围岩因水压力波动而引起局部围岩不稳定或掉块而危及运行安全，以及防止节理、断层中可溶性充填物、夹泥等被高压水冲刷致连贯而造成渗漏破坏。另一方面支护是为了减小水头损失，而隧洞承受内水压力能力以及防渗抗蚀能力等均取决于围岩的坚硬性和完整性。

基于围岩是隧洞结构主体的观点，隧洞应布置在自稳能力较强的岩体中，隧洞断面型式多采用方圆形，以方便施工开挖、出渣，有利于加快施工进度，对局部地质条件较差且内水压力较高的洞段或断面尺寸较大的隧洞宜采用圆形断面（开挖断面常采用1∶1的城门洞形或马蹄形，内断面衬砌成圆形），并以钢筋混凝土衬砌，更有利于对围岩提供支护和承受局部外压力。

挪威已建成的200多条高压隧洞承受内水压力基本都大于150m，采用钻爆法施工，隧洞断面尺寸采用城门洞形，对断面积较小的多采用较扁平的断面，以便于运输，对宽度已满足运输要求的大面积隧洞，宜采用窄高的断面，以利于围岩稳定。国内有压隧洞断面也大量采用城门洞形或马蹄形，见表6.2-1。

表6.2-1　　国内部分工程非圆形有压隧洞参数表

电站名称	隧洞断面型式	尺寸/m	承受最大水头/m
沙牌	城门洞形	2.6×2.8	90
冷竹关	城门洞形	5.0×5.5	65
福堂	马蹄形	底宽8.0，顶拱半径5.2	84
自一里	城门洞形	4.2×4.6	392
小天都	城门洞形	6.05×6.2	444
狮子坪	马蹄形	底宽4.32，顶拱半径3.0	155
小关子	马蹄形	底宽7.0，顶拱半径3.75	70

6.3　支护设计

高压隧洞布置及断面型式确定后。根据隧洞的承载机制，支护目的，针对具体的地质条件，一般采用如下的一些支护方式。

6.3.1 喷混凝土支护

气垫式调压室电站大多具有高水头、长引水道、小流量的特点，其引水隧洞断面相对较小，对于Ⅰ类、Ⅱ类围岩洞段，采用光面爆破开挖，严格控制岩面起伏差$\Delta \leqslant 15$cm，表面不进行喷护，仅局部裂隙处设置锚杆，以防局部掉块。但对于埋深很大的Ⅰ类、Ⅱ类围岩，如花岗岩等应注意岩爆。

一般边坡较陡、埋深较大、应力不等向，则容易发生岩爆。洞壁发生岩爆只是局部的，而不是整个洞壁均发生岩爆。垂直地应力很大，水平地应力很小，则边墙易发生岩爆；水平地应力很大，垂直地应力很小，顶拱易产生岩爆。岩爆支护是局部的，主要采用喷混凝土和设局部锚杆方式。对岩爆强烈的洞段，采用挂网喷混凝土。

Ⅲ类围岩洞段，开挖后处于基本稳定状态，但岩体裂隙相对发育，为避免因隧洞压力波动及水体流动带走裂隙内充填物质，以及减小渗漏，并对围岩松弛圈提供支护，依据《锚杆喷射混凝土支护技术规范》(GB 50086—2001)，借鉴国内外水电工程经验，Ⅲ类围岩段有压引水隧洞均进行系统锚杆加挂网喷混凝土支护，或系统锚杆加喷钢纤维（或微纤维）混凝土支护。对埋深较大、地下水为较高洞段，宜设置浅排水孔，以防隧洞放空检修时，喷混凝土受较高外水压而剥落。

Ⅲ类围岩洞段边顶拱挂网一般采用$\phi 8$@20.0×20.0cm，锚杆直径选用$\phi 22$或$\phi 25$，长度视洞径大小而定，间排距1.5m，梅花形布置。对裂隙发育的Ⅲ类围岩洞段锚杆宜采用间排距1.0m左右的加密系统锚杆。喷混凝土厚12.0～15.0cm，等级不小于C20。

喷混凝土衬护段及不衬护段底板均宜浇筑素混凝土以减小隧洞综合糙率，减小水头损失和方便检修交通。在浮渣清除不完全的情况下，底板厚度t受脉动压力（P）控制，脉动压力P与洞内流速成正比，并且是绝对粗糙度的函数，可采用下列经验公式估算：

$$P = 3.2587 \times 10^{-4} V^2$$

式中：V为洞内平均流速，cm/s；当考虑安全系数，混凝土容重取25kN/m³，并考虑浮容重；则底板混凝土厚度：

$$t \geqslant 1.3093P \qquad \text{即}\ t \geqslant 4.2667 \times 10^{-4} V^2$$

若考虑浮渣清除较彻底，混凝土与基础岩石黏结良好，底板混凝土可适当减薄，但对于较大断面的隧洞，进行检修有通车要求，则不应小于15.0cm。

6.3.2 钢筋混凝土支护

满足埋深条件的高压隧洞Ⅳ类、Ⅴ类围岩洞段均采用钢筋混凝土衬砌，并进行顶拱回填灌浆和周边固结灌浆，固结灌浆压力大于等于1倍内水压力。根据混凝土物理力学指标可知，混凝土受拉极限应变（即极限拉伸值）较受压极限应变值小得多，一般在 $0.5\times10^{-4}\sim2.7\times10^{-4}$ 内。考虑到隧洞开挖的不规则，衬砌混凝土断面尺寸及受力状况不均，以及温度，干缩等不利因素，衬砌混凝土允许的环向拉应变较极限拉应变小得多，广州抽水蓄能电站及天荒坪电站实测资料表明当内水压力大于150.0m水头时衬砌混凝土将开裂，内水将外渗，内水压力大部分将传递到围岩上。内水压力不再以面力的形式作用在衬砌体和围岩体上，衬砌体内外压差逐渐减小，乃至趋于平衡，衬砌体上及其内钢筋应力均较小，固结灌浆后的围岩是洞室结构的承载主体。因此，高压隧洞可按透水衬砌隧洞进行计算。天荒坪抽水蓄能电站高压隧洞，广州抽水蓄能电站二期高压隧洞均按体力衬砌设计。

体力理论认为衬砌体是透水的，内水压力按体力作用于衬砌体和围岩上，其结构力学法认为：衬砌体松动圈及完整岩体的变形均服从胡克定律；衬砌体开裂前的渗水压力按对数衰减，开裂后的渗水压力按线性衰减；松动圈及完整岩体内的渗水压力按对数衰减。松动圈围岩分为可承担和不承担环向拉应力两种考虑，并按轴对称分析。有限元法一般按平面应变问题分析，将内水压力以体力的形式作用于衬砌体和围岩上，并考虑围岩应力场渗流场的耦合作用，隧洞开挖后，围岩二次应力趋于稳定，采用增量变刚度迭代法计算。

体力分析成果表明：围岩的渗透系数与弹性模量对高压隧洞设计具有重要意义，渗透系数越小，围岩承受的内压比越大。当内水压力达到一定值后，衬砌体开裂，衬砌钢筋应力增长速率较慢，与内水压力增长不具有线性关系，围岩承担绝大部分内水压力。增加衬砌厚度及其内的钢筋，对提高衬砌体自身承载力作用都不太大，高压隧洞衬砌设计的重点应放在提高围岩完整性和减小其渗透性。

广州抽水蓄能电站一期高压隧洞下平洞一段处Ⅳ类围岩中，承受内压629.0m，内径8.0m。*PD* 值高达 $5032\mathrm{m}^2$，环向仅配 $10\phi32$ 钢筋，实测钢筋应力仅40MPa。当取围岩弹性抗力系数 $K_0=20\mathrm{MPa}$，按隧洞规范附录公式计算，仅相当于47m内水压力，按面力作用于衬砌体上产生效应。广州抽水蓄能电站二期高压隧洞按透水衬砌设计，并总结了一期隧洞支护经验，下平洞Ⅳ类围岩段仅配 $8\phi20$ 钢筋，运行两年后，于1995年3月放空检查，情况良好。目前已正常运行10余年。这说明高压隧洞按透水衬砌设计是合理的。在小天都水电站高压隧洞设计中（承受最大内水压力444.0m），清华大学谷兆祺教授等在《四川省康定县小天都水电站引水发电系统比较说明书》中就提出衬砌按面力设计时其承受内外压差仅按50.0～60.0m计算，这不失为一种简便的估算方法。高压隧洞钢筋混凝土衬砌断面宜衬砌成圆形断面，这有利于承受外水压及山岩压力。根据弹性力学中厚壁圆桶理论解，当圆形断面内径5.0～8.0m，衬厚0.6m，C20混凝土 f_c=10MPa，隧洞承受外水能力 P_c=167.0～230.0m水头。考虑到高内水压衬砌隧洞总是要开裂，控制适当的放空速度，隧洞放空检修，衬砌体抗外压安全是有保证的。

6.3.3 钢板衬护

对于埋深较浅，处于Ⅴ类围岩的高压隧洞段，需采用钢管方式支护。钢管按地下埋管独立承受内压（不计弹性抗力）进行强度设计，并进行抗外压稳定计算及设计。部分工程高压隧洞支护情况见表6.3-1。

表6.3-1　部分工程高压隧洞支护情况表

项目＼工程	福　堂	自一里	小天都
断面	顶拱 R=5.2m，底宽8.0m的马蹄形	宽4.2m，高4.6m的方圆形	宽6.2m，高6.05m的方圆形
承受内水压/MPa	0.23～0.84	0.14～3.92	0.29～4.44
Ⅱ类围岩段的支护方式	素喷微纤维混凝土（微纤维含量0.9kg/m^3）喷厚10.0cm，底板浇C20素混凝土厚25.0cm	边顶拱不支护，底板浇C20素混凝土	边顶拱不支护，底板浇C20素混凝土厚20.0cm
Ⅲ类围岩段的支护方式	边顶拱挂 ϕ8@20.0×20.0cm，喷混凝土厚15.0cm，锚杆 ϕ22，L=3.0m间排距2.0m，梅花形布置，底板浇素混凝土厚25.0cm	边顶拱挂 ϕ8@20.0×20.0cm，喷混凝土厚15.0cm，锚杆 ϕ22，L= 2.5m间排距2.0m，梅花形布置，底板浇素混凝土	边顶拱挂 ϕ8@20.0×20.0cm，喷混凝土厚15.0cm，锚杆 ϕ22，L=2.5m间排距2.0m，梅花形布置，底板浇素混凝土厚20.0cm
Ⅳ、Ⅴ类围岩段的支护方式	双层钢筋混凝土衬砌，衬厚50.0cm或80.0cm，周边固结灌浆	单或双层钢筋混凝土衬砌，衬厚40.0cm或60.0cm，周边固结灌浆	单或双层钢筋混凝土衬砌，衬厚40cm或60.0cm，周边固结灌浆

6.4 防渗设计

所有不衬砌高压引水隧洞都是渗漏源，喷混凝土、素混凝土及钢筋混凝土衬砌，由于干缩和内水压力作用产生开裂而透水。故就渗漏而言，他们均作为不衬砌来处理，衬砌体中钢筋网及钢筋仅对裂缝的分布起一定的限制作用，减小衬砌体的渗漏性。如果衬砌体的渗透性比围岩的渗透性大，围岩则将承受几乎全部的内水压力，抗渗性主要取决于围岩的渗透性。

高压引水隧洞可能产生渗漏的位置主要包含有：

（1）没有足够覆盖的区域。

（2）局部不稳定的区域。

（3）有断层的洞段以及裂隙发育密集的区域。

（4）截面和流态急剧变化的区域。

高压引水隧洞渗透途径经常与围岩张开的节理、断开的岩脉、剪切带或断层带及其附近破碎的岩石以及透水的岩床有关。

高压引水隧洞防渗主要取决于围岩的完整情况、埋深情况以及围岩渗透系数 K 的大小。但对高渗透性渗漏途径交汇区域进行工程措施处理，有利于提高高压引水隧洞的抗渗性。

6.4.1 裂隙灌浆

Ⅱ类、Ⅲ类围岩强度高，自稳能力强，成洞条件较好。整体抗渗漏性较好。但其间穿插的岩脉、张开的节理、发育的裂隙以及在开挖过程中渗水严重的地方均有可能是渗透途径，应进行工程处理。根据福堂、冷竹关、自一里、小天都等水电站有压引水隧洞的支护经验，内水压力小于1MPa的洞段，Ⅱ类、Ⅲ类围岩裂隙可不进行专门处理。仅Ⅲ类围岩采用常规挂网喷混凝土即可。对内水压力大于100.0m的洞段，裂隙应进行处理。小天都水电站高压引水隧洞长6030.677m，断面为6.20m×6.05m（宽×高）的方圆形。对于宽度小于5.0cm的裂隙，由于其宽度较小一般连通性不强，不进行处理。对于裂隙宽度5.0～10.0cm的裂隙，凿槽5.0cm深，槽内填塞环氧树脂砂浆。两侧各布置一孔向内倾角70°的灌浆孔，孔深6.0m。根据天湖电站经验及相关试验，环氧树脂砂浆和花岗岩的黏接抗拉强度可达2.5～3.0MPa，5.0cm深的回填环氧树脂砂浆能够承受5MPa的灌浆压力。对于宽度10.0～30.0cm的裂隙或破碎带，凿槽深50.0cm，槽内回填C20混凝土，两侧各布置一孔高压灌浆孔，孔深6.0m。对于宽度大于30.0cm的裂隙或破碎带，凿槽深50.0cm，槽内回填C20混凝土，并在两侧各设ϕ25、L=3.0m锚杆，沿裂隙长度每1.0m布置一排。混凝土表面挂ϕ10@15.0×15.0cm钢筋图，裂隙中部及其两侧共设三孔固结灌浆。

6.4.2 固结灌浆

高压引水隧洞Ⅳ类、Ⅴ类围岩洞段均采用钢筋混凝土衬砌，并进行高压固结灌浆。固结灌浆的目的之一是加强围岩的整体性，提高弹模，更主要的目的是防止内水外渗。广州抽水蓄能电站高压隧洞内径8.0m、衬厚0.6m，承受内水压629.0m，一期隧洞Ⅳ类围岩洞段配单层10ϕ32钢筋，混凝土裂缝开展宽度0.159～0.490mm，其防渗主要依靠高压固结灌浆，灌浆孔深5.0m，第一序灌浆压力4.5MPa，第二序灌浆压力6.5MPa。

高压固结灌浆一般采用普通硅酸盐水泥或硅酸盐大坝水泥。水泥细度要求通过80μm方孔筛余量不大于5%。防渗要求高或一般浆液灌浆效果不佳的部位，可采用磨细水泥或化学材料等进行灌浆。水泥浆液根据工程实际情况选择掺和材料及外加剂，一般有粉煤灰、水玻璃、速凝剂、减水剂、稳定剂等。

高压隧洞固结灌浆孔深取半倍洞宽，排距2.0～4.0m，孔距小于等于孔深，孔数宜为双数。固结灌浆压力取1.0～1.5倍隧洞承受的内水压力，高压隧洞内水压力大，考虑施工难度等因素，灌浆压力与隧洞内水压力的倍数取小值，但不应小于1倍。引水隧洞固结灌浆质量检查一般采用压水试验方法，要求固结灌浆后透水率不大于3Lu，检查孔的孔段合格率大于80%。国内部分工程灌浆参数见表6.4-1。

表6.4-1　　国内部分工程灌浆参数表

工程	断面型式	洞径/m	承受内压/MPa	灌浆最大压力/MPa
沙牌	城门洞形	2.6×2.8	0.9	1.0
冷竹关	城门洞形	5.0×5.5	0.6	0.8
福堂	马蹄形	底宽8.0，顶拱半径5.2	0.84	1.2
自一里	城门洞形	4.2×4.6	3.92	4.5
小天都	城门洞形	6.2×6.05	4.44	5.0
广蓄	圆形	D=8.0	6.29	6.5

6.4.3 渗漏分析

经裂隙处理及固结灌浆处理后，高压隧洞进行充水。高压隧洞充水后内水外渗量目前没有明确的控制标准。内水外渗量与高压隧洞内水压力大小、所处围岩特性、衬砌结构质量等因素有关。实际渗漏有可能是沿衬砌缺陷或围岩薄弱面相对集中渗漏。但作为宏观控制，可通过调压室的水位下降量，测算隧洞的总渗漏量。瑞典能源水电专家认为，隧洞充水初期一般渗漏量为20～50L/s，若出现泉涌或渗漏量达到150～250L/s（即540～900m^3/h）时就应放空检查。美国哈扎公司专家认为高压隧洞内水外渗，只要外渗流量稳定，不出现异常情况，且渗出的水不夹带围岩内细小颗粒，不混浊不危及坡体稳定，则认为是安全的，渗漏量一般不起控制作用，除渗漏量大到影响发电效益。美国BATH. COU. NTY电站水道渗漏量达2000美加仑/分（454.2m^3/h），且冬季加大、夏季减小的规律（初析为地下水位变化之故）采用排水孔和排水洞工程措施解决，电站一直运行正常。美国西部HELMS蓄能电站高压水道渗漏量达2200美加仑/分（499.6m^3/ h），若按每1000m^2高压隧洞内表面外渗量（称之为渗流率）计为2.8L/s。广州抽水蓄能电站高压隧洞充水初期实测渗流率为0.09L/s，一个月后为0.05L/s。高压隧洞内水外渗量具有随时间延长而减小的趋势。姚河坝电站高压隧洞4号支洞处内水压力2.4MPa，充水初期渗流量280～300m^3/h，运行后逐渐减小，目前稳定在170m^3/h左右，出水清澈，电站运行良好。

6.5 其他设计

6.5.1 集石坑设计

高压引水隧洞为减小工程量，节省工程投资，高压隧洞处于Ⅰ～Ⅲ类围岩洞段，常采用喷混凝土支护，甚至不做任何支护，不衬砌隧洞在长期运行中经内水压力作用，特别是内压变化的张弛作用，围岩中未撬除彻底的松动岩块，喷混凝土层的剥落碎块以及隧洞充水后新发生岩爆，所弹射出岩块掉落于隧洞底板上，水流冲不动的石块保留在原处，仅略增加局部阻力，但能被水流冲动石块将可能顺流而下进入水轮机造成破坏。

另外，高山多泥沙河流上引水式电站，首部多为闸坝式，隧洞进口虽然都布置防沙设施，但少量中小砾石仍有可能进入隧洞。为此设置一两组集石坑是非常必要和有效的。

根据成都院近年来在渔子溪、冷竹关、热足、沙牌、福堂、自一里、小天都等电站的设计经验，有压不衬砌隧洞水流流速一般选用 $2m^3/s$ 左右，单组集石坑布置于不衬砌洞段末端，其后必须全断面钢筋混凝土衬砌。多组集石坑在保证不衬砌段末端设置一组外，其余组可根据不衬砌段的长度及其分布情况分析确定，并尽可能选择临近施工支洞的好围岩段布置，以利于洞室稳定和检修方便。

集石坑的容积主要取不衬砌隧洞的地质条件、长度、开挖方法、开挖跨度及水流条件，目前没有成熟的理论公式，主要依靠综合分析和工程经验。挪威每 $100m^2$ 不衬砌隧洞表面设置 $1m^3$ 的集石坑体积，澳大利亚雪山水电工程公司按每 1000 立方码（$764.6m^3$）不衬砌隧洞总容积设置 0.5 立方码（$0.3823\ m^3$）集石坑容积，运行证明该值偏小。经分析改用每 1000 平方英尺（$92.9\ m^2$）的不衬砌隧洞表面设置 1.5 立方码（$1.1469m^3$）的集石坑。

成都院设计的渔子溪一级、冷竹关、热足、小关子等水电站在总结了国外经验基础上，具体分析工程地质条件及施工条件，按每 $1000\ m^2$ 不衬砌和喷混凝土隧洞表面积设置 $1m^3$ 的集石坑容积，并考虑 1.5～3.0 的安全余度，目前上述电站多年来运行良好。

集石坑宜布置成多连室形，宽度较隧洞底宽小 0.6～0.8m，深度越深集石效果越好。但考虑洞室稳定和人工清渣方便等因素，取 1.2m 为宜。成都院多个电站集石坑均设计成五室一组。每室长 5.0m，深 1.2m。每室之间用 30.0cm 厚钢筋混凝土隔墙隔离。隔墙上设排水孔 $\phi 50$mm。一～三室设 7 根金属隔条，四～五室设 6 根金属隔条。金属隔条由 *A*3 钢板焊接成“门”形结构，顺水流倾斜 45°，安装于两端齿槽内。试验及运行经验表明，集石坑顶部设置金属隔条不仅减小局部水头损失，且提高集石效果 2～4 倍。

对于含有不做任何支护洞段的高压隧洞，其最后一组集石坑洞段应扩大断面，减小洞内水体流速至 1m/s 左右，以便沉积细颗粒掉块。典型集石坑布置如图 6.5-1 所示。

6.5.2 堵头设计

高压隧洞施工支洞堵头分为有圆形进人孔和无进人通道两种，封堵长度根据堵头所处位置，高压隧洞内水压力、地质条件、支洞断面等计算分析确定，达到堵头稳定和防渗的目的。挪威封堵段长度一般取所承受静水头 5%～10%。总体上讲，挪威的施工支洞堵体长度都较短，这与其地质条件较好有关。

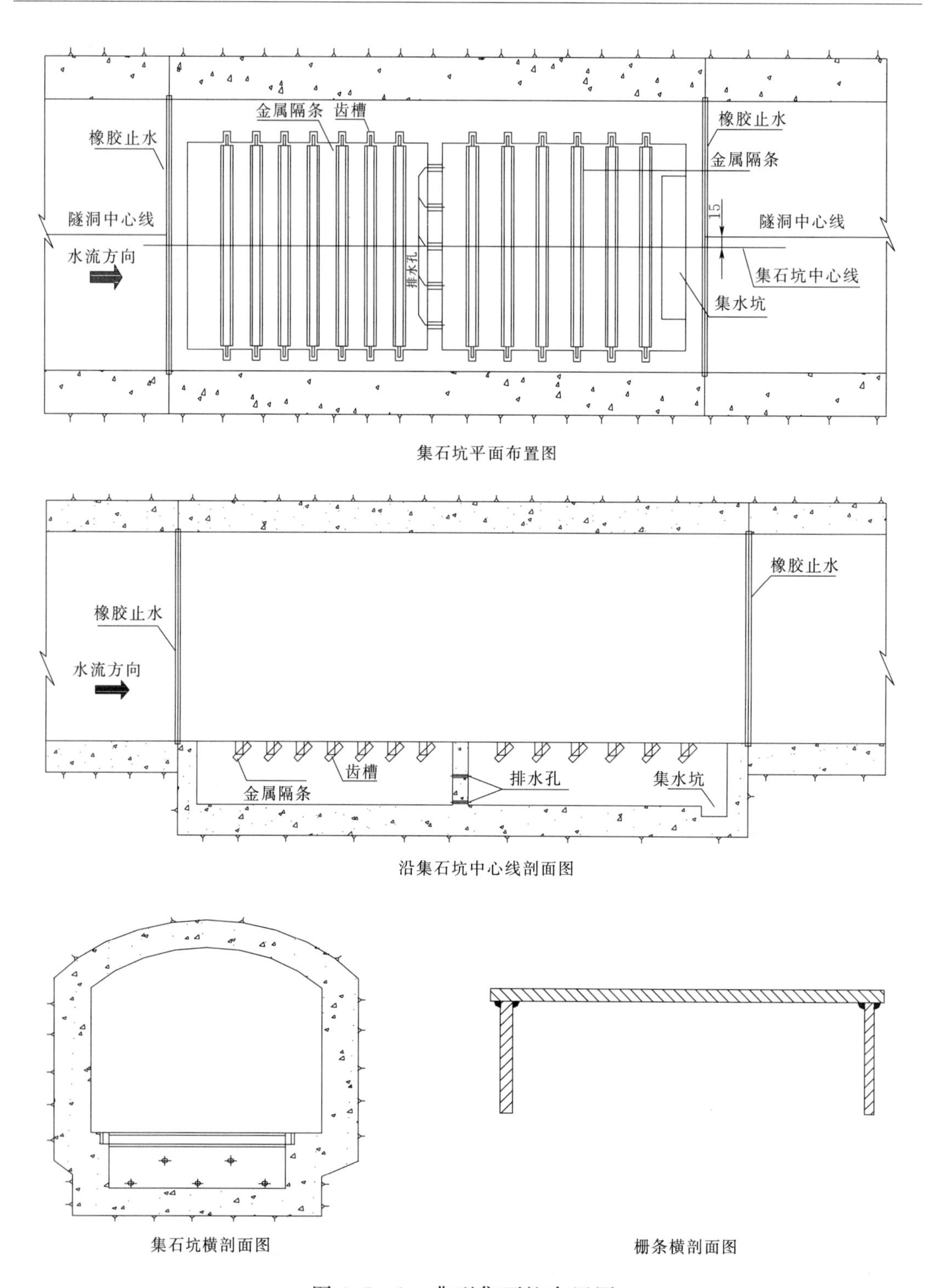

图 6.5-1 典型集石坑布置图

挪威堵头设计的理念是假定封堵体周边区的剪切应力沿堵体长度均匀分布，并控制堵体与岩体间的剪切应力小于 0.4MPa 而拟定堵体长度。为避免较高的水力坡降（水头与堵体长度之比）产生不允许的渗漏。沿堵体轴线的最大水力坡降控制在10～20。

等断面封堵体长度可按下式计算：

$$L \geqslant \frac{P}{[\tau]A}$$

式中：L 为封堵体长度，m；P 为封堵体迎水面承受的总水压力，kN；A 为封堵体剪切面周长，m；$[\tau]$ 为封堵体与围岩间的容许剪应力，一般取0.2～0.3MPa。

堵体长度也可按抗剪断公式计算，即

$$K = \frac{fw + cs}{P}$$

式中：f 为堵体与岩体间的摩擦系数；w 为堵体质量；c 为堵体与岩体间的黏结力；s 为堵体与岩体间的接触面积，一般是：顶部不计，底面积全计，而侧面积计入0～0.8倍。

为减短堵体长度可设置周边锚杆，一般采用 ϕ25，L=3.0m 锚杆，并顺堵体长度方向倾斜60°。

堵体顶拱应进行回填埋灌浆，周边根据地质情况及承受内水压力大小分析确定是否进行固结灌浆，以达到防渗目的，固结灌浆孔深、孔距根据堵体承受的水压力，堵体断面尺寸分析确定，孔深一般不小于3.0m。

有交通要求的堵体，其内设置的手推式平板钢闸门及交通廊道尺寸一般为宽2.4m，高2.0m，以利小型车辆通行。

国内外部分工程堵体参数见表6.5-1。典型的支洞封堵布置如图6.5-2所示。

表6.5-1　　国内外部分工程堵体参数表

	电站名称	承受静水头/m	混凝土堵体长度/m	堵体段面积/m²	渗漏量/(L/min)	水力坡降
挪威	TORPA	455.0	20.0	32	<1	22.8
	TAFJORDK5	790.0	88.0	18	50	9.0
	AURDAL	410.0	40.0	49	5	10.3
	MEL	740.0	27.0	22	1	27
	SKARJE	765.0	20.0	25	15	38.2
中国	自一里水幕廊道	380.0	32.0	25.5		11.9
	福堂10号支洞	120.0	43.0	49		2.8
	姚河坝4号支洞	245.0	36.0	25	2833	6.8

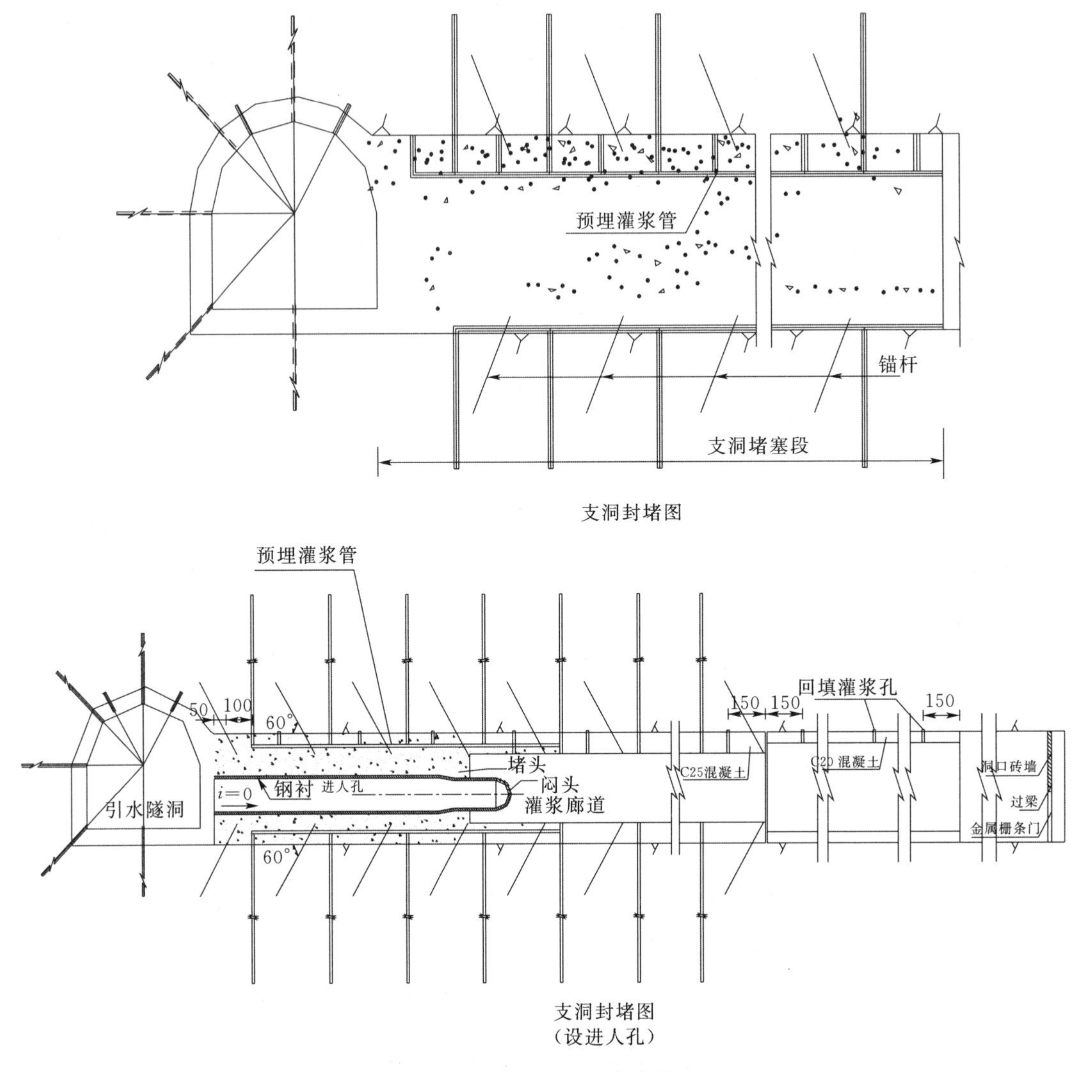

图 6.5-2 典型支洞封堵布置图

6.5.3 充、放水设计

有压引水隧洞充水应在完成所有的土建和设备安装工程并经验收合格后，在水库蓄水达到设计要求条件下进行。

低闸长引水隧洞一般利用进水口工作闸门进行充水。为控制充水流量及充水速度，工作闸门取最小开度，一般为10.0cm左右，充水流量宜取引流量的5%左右。并根据隧洞充水时水位上升的速度综合分析确定。充水常在库水位淹没洞顶2.0m的条件进行。

关于充水水位上升速度没有准确的标准。控制充水水位上升速度主要考虑到混凝土衬砌体和围岩在充水时，承受内外水压力作用，属于弹塑性工作状态，所受荷载最好有一段渐变过程，使其内部应力逐渐调整和适应，避免瞬时突然加荷。另外，围岩渗透饱和也有一个过程，控制充水水位上升速度，逐渐加大水力梯度，更有利于围岩中软弱结构面及裂隙的渗流稳定。

隧洞充水水位上升速度瑞士 MAUVISIO 电站为 1.5m/h，印度尼西亚 MANINLAU 电站为 1.3～1.5m/h，美国 COLLIERVILLE 电站为 7.6m/h，挪威的电站大部分为 10m/h。综上所述，并结合高压长隧洞断面较小的特点，认为充水水位上升速度控制在 10m/h 以内，放空隧洞水位下降速度控制在 5m/h 以内是可行的。对于斜井或竖井段，充水水位上升速度取值相差较大，危地马拉 AGUACAPA 电站为 4.3m/h ，秘鲁 AHCRCIXI 电站为 90m/h。冷竹关、小关子、福堂等电站斜井断面较小，充水水位上升较快，均采用充水水位上升不大于 50m 时，停充 2～3h 进行观察，无异常情况再充水的“分段台阶式”充水法。

6.6 安全监测设计

根据高压隧洞范围内的岩体工程地质特性、围岩类别、岩体渗透性等工程地质条件以及高压隧洞的长度情况，对于不衬砌高压隧洞地下水压力监测，宜选 2～3 个监测断面，分别沿顶拱、两侧边墙埋设 5～7 支渗压计，以监测高压隧洞周边的内水压力；在以上相同监测断面附近，在隧洞两侧边墙 2/3 高程处，沿围岩深度方向水平钻孔，孔深可控制在 20m 左右，测点应布置在不同的围岩类别中，以监测隧洞的外水压力分布情况。

以上监测仪器设备的电缆线分别引至引水隧洞附近支洞的集线箱内。

其他应力、变形监测等与前面第 4 章一致。

6.7 小　结

高压隧洞主要是在围岩是隧道结构承载主体的基础上进行布置结构防渗设计的。通过前述认为：

（1）高压隧洞布置应满足挪威准则和最小地应力准则。而挪威准则是洞线布置切实可行的方法。

（2）高压隧洞Ⅰ～Ⅲ类围岩段宜选用城门洞形断面，以利施工和检修交通。Ⅳ、Ⅴ类围岩段宜选用圆形断面，以利洞室稳定和承受内外水压力。

（3）基于围岩是隧洞结构承载主体的观点，隧洞支护主要是对开挖松动圈及局部不稳定体、围岩二次应力分布产生的变形提供支护，以及减小糙率。洞内水压几乎全部由围岩承担，因此，Ⅱ、Ⅲ类围岩段隧洞仅作局部的锚喷，乃至不做支护处理。Ⅳ、Ⅴ类围岩采用钢筋混凝土衬砌，其应力分析低内压段采用面力理论。高内压段采用体力理论，因高内水压力作用下衬砌体将开裂，内水将外渗，衬砌体、围岩将联合受力，且围岩是主体，衬砌是辅体。衬砌体内设置钢筋是为了防止产生贯穿性裂缝，限制裂缝开展宽度但不拘泥于0.3mm的限制，以保证衬砌体的完整性。

（4）将高压固结灌浆作为加固围岩提高围岩弹模增大承载力以防止内水外渗的主要措施。Ⅱ、Ⅲ类裂隙发育洞段应进行裂隙灌浆；Ⅳ、Ⅴ类围岩洞段应进行固结灌浆，灌浆孔深大于等于半倍开挖跨度，灌浆压力大于等于1～1.5倍内水压力。灌浆效果采用压水法检查。压水检查压力大于等于灌浆压力，要求透水率 $q \leqslant 3Lu$。合格率达到80%以上。

（5）隧洞沿线漏水量难以精确计算，宏观上可以通过关闭进口闸门及水轮机，量测一段时间内调压室水位下降来推算。隧洞允许渗透量没有统一标准，只要渗透量不影响电站效益，外渗水流清洁，流量稳定，不影响山体稳定，则认为是安全可接受的。

第7章 工程应用案例

7.1 自一里水电站工程

7.1.1 概述

自一里水电站位于涪江上游支流火溪河上，为火溪河“一库四级”梯级开发方案的第二级引水式电站。电站枢纽工程主要由闸坝、右岸引水隧洞及厂房等建筑物构成。水库正常蓄水位 2034.00m，最大闸高 22m，经右岸隧洞引水（全长 9.5km）至厂址建厂发电，调压室为气垫式调压室，厂房为地下洞室式，电站共装机 2 台，总装机容量为 130MW，设计水头 445m，引用流量 32.44m^3/s。厂区距平武县城 38km，沿火溪河左岸有九环公路通过，交通方便[4,11-13]。

自一里水电站 2002 年 5 月 18 日开工。2004 年 12 月 28 日第一台机组并网发电。

7.1.2 工程地质条件

7.1.2.1 勘探试验布置

自一里水电站气垫式调压室主要开展了下列勘探试验：勘探平洞（660m）、钻孔（460m/13 孔）、平洞、钻孔声波测试（820m）、室内岩石物理力学性质试验（10 组）、现场岩体变形试验（6 组）、现场岩体及结构面大剪试验（4 组）、应力解除法地应力测试（3 组）、水压致裂法地应力测试（2 组）、高压压水试验（57 段）、常规压水试验（88 段）、水力阶撑试验（水力劈裂试验，8 段）。在此基础上进行了地应力场有限元回归分析、厂址区水文地质条件及岩体渗透性研究等专题研究。勘探试验布置如图 7.1-1 所示。

7.1.2.2 区域地质及地震概况

火溪河是涪江上游左岸最大一条支流，河流总体流向为北西向南东，于木皮下游河段转向南或南西，河谷深切，两侧山势巍峨。区域地貌上总体表现为侵蚀构造地形，大部分为高中山区，一般海拔标高 2200.00～3000.00m，相对高差 1000～2000m。

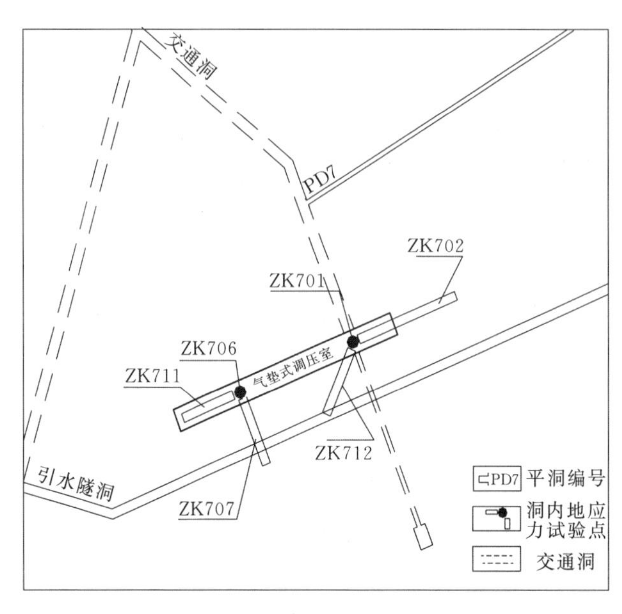

图 7.1-1 自一里水电站气垫式调压室勘探布置图

区域地层除寒武系上统及奥陶系地层缺失以外均有出露，主要有前震旦系地槽型变质火山岩—碎屑岩—碳酸盐岩和寒武、志留、泥盆及石炭系地台过渡型浅变质碎屑岩、碳酸盐岩。岩浆岩以印支期花岗岩为主，分布较广，海西期辉绿岩、晋宁期火山岩仅在局部地段零星分布。

在大地构造单元上，隶属于扬子准地台的二级大地构造单元摩天岭台隆的东部——摩天岭台穹上。在地质构造部位上，位于由龙门山断裂带、岷山断裂带、西秦岭褶皱带带内断裂所切割的楔形地块西部。楔形地块西部以岷江断裂为界与松潘甘孜褶皱系之巴颜喀拉冒地槽褶皱带相邻；东南部以青川—古城断裂为界与后龙门山冒地槽褶皱带毗连；北部以文县断裂为界与西秦岭冒地槽褶皱带之降扎地背斜以及松潘甘孜褶皱系之阿尼玛卿地背斜相邻。

楔形地块内部构造线总体走向呈东西向，但后期受文县弧形构造影响均呈现向南突出的弧形弯曲。区内褶皱发育，规模大，延伸数十至近百公里，主要有白马弧形构造带、柴呷里—自一沟复向斜、木皮复背斜等大型褶皱。地块内断层的发育，也受周边三大构造带所控制，主要有近南北向的虎牙关断裂、叶塘断裂、刀切加—胡家磨断裂，近东西向的雪山断裂、老营坪断裂、平武断裂、八洞沟—唐泥沟断裂、洞潭坝北断层，弧形发育的水牛家—跌不寨断裂、竹根卡断裂等十条，延伸长度十余公里至五十多公里。断层活动性除了距枢纽区 20km 以外的虎牙关断裂、叶塘断裂具新活动性以外，工程区附近断层活动性不明显。

工程区不具备发生强震的地质构造条件，历史上亦无 5.2 级以上地震记载，区域构造稳定性主要受工程区外围的活动断裂所控制，区域构造基本稳定。根据四川省地震局工程地震研究所《平武涪江火溪河梯级电站工程场地地震安全性评价报告》，自一里水电站厂址区50年超越概率10%的水平基岩峰值加速度为193cm/s^2，地震基本烈度为7.7度。

7.1.2.3 基本地质条件

(1) 地形地貌。厂址区为U形宽谷，谷底相对较开阔。火溪河流向S45°E～S62°E，枯水期河水位1554.00m，河水面宽21～38m。所在右岸山体相对较完整，地表植被茂盛，地下厂房上方山顶甘沟岭一带地面高程为2350.00～2450.00m，地貌上为一呈N80°E方向延伸的条形山脊，其上游为一干沟切割，地表斜坡坡度38°～45°，崩坡积成因含泥块碎石、块碎石土层主要分布于坡脚地带，高程1730.00m以上基岩裸露。拟布置气垫式调压室位置，地面高程2115.00m，当气垫式调压室顶拱高程1720.00m时，上覆岩体厚度为395m，侧向最小埋深约323m。

(2) 地层岩性。厂址区地层岩性，从总体上看，属于南一里印支期花岗岩与下游泥盆系碎屑岩体的接触过渡地带。压力管道、调压室及地下厂房区地层岩性均以印支期二云母花岗岩为主。但由于靠近侵入岩体边界，而不同程度的在花岗岩中夹有二云母石英岩、石英片岩、变质砂岩捕虏体，其中捕虏体分布随机，形状不规则，一般与花岗岩呈熔融“焊接”接触，局部为裂隙接触，为一套被花岗岩体捕虏的受热变质作用重结晶的碎屑岩建造。据平洞、钻孔揭示，调压室区二云母石英岩、石英片岩、变质砂岩捕虏体分布较广，统计平洞线性比例为30.7%，钻孔线性比例为38.7%，加权平均为35.8%。

(3) 地质构造。厂址区无规模较大断层分布，勘探平洞中仅见少量随机小断层发育及变质砂岩捕虏体中局部分布层间挤压破碎带。调压室区未见断层和层间挤压破碎带分布，但受外围构造作用的影响，岩体中节理裂隙较发育。综合统计，花岗岩及变质砂岩中裂隙发育无明显差异，主要发育3组裂隙：①N65°E～EW/SE (S) ∠12°～27°；②N15°～35°W/NE∠47°～60° (0+440～0+469m和0+555～0+598.6m洞段) 或N68°W/NE∠61° (0+469～0+555m洞段及支洞)，具分段性发育特征；③N60°～80°E/近直立。

(4) 风化卸荷。厂址区谷坡陡峻，中高程以上一般基岩裸露，且主要分布花岗岩和二云母石英岩捕虏体等坚硬岩，岩体较完整，风化卸荷微弱。据勘探平洞揭示，厂址区右岸岩体强风化、强卸荷带不发育，弱风化带下限水平深度高程1573.00m时为130m，高程1694.00m时为192m，弱卸荷带下限水平深度高程1573.00m时为64m，高程1694.00m时为142m。拟布置气垫式调压室区，岩体风化微弱，岩体嵌合紧密，仅表现为局部裂隙面上有少量锈斑，裂面上矿物轻度蚀变，均属微风化—新鲜岩体。

（5）水文地质条件。厂址区地下水类型主要为松散覆盖层中孔隙潜水和基岩裂隙水两种类型，均接受大气降水补给。地下水以局部承压水型式赋存于岩体裂隙中，但含水不丰。PD7平洞洞壁一般湿润或渗滴水，局部具暂时性线状流水。在洞壁钻孔时，见孔内局部暂时性涌水，实测最大渗水压力为0.1～0.3MPa，流量为11～35.8L/min，但暂时性特征明显，揭露此含水层后，三天后流量明显变小，半个月后基本上干涸。据水质分析成果，厂址区河水及地下水均属低矿化度重碳酸钙钠钾型水，对混凝土不具腐蚀性。

7.1.2.4 工程地质评价

（1）气室埋深与山体抗抬稳定性评价。调压室上覆岩体最小垂向厚度为401m，与斜坡之间最小侧向埋深为321m，减去弱卸荷岩体厚度侧向最小埋深约为308m（图7.1-2）。气垫式调压室底板高程1707.00m处静水头h_s为323m，上部水幕压力约3.8MPa。根据上覆岩体厚度应满足的经验法则：$C_{RM}r_r\cos\alpha \geqslant h_s\gamma_w F$的要求，取花岗岩天然密度2.7g/cm^3，平均坡度按40°，现布置位置$L\approx 308$m，$C_{RM}r_r\cos\alpha\approx 6.37$MPa，大于静水头压力3.23MPa和水幕压力3.8MPa，调压室位置侧向岩体最小厚度能满足经验法则要求。

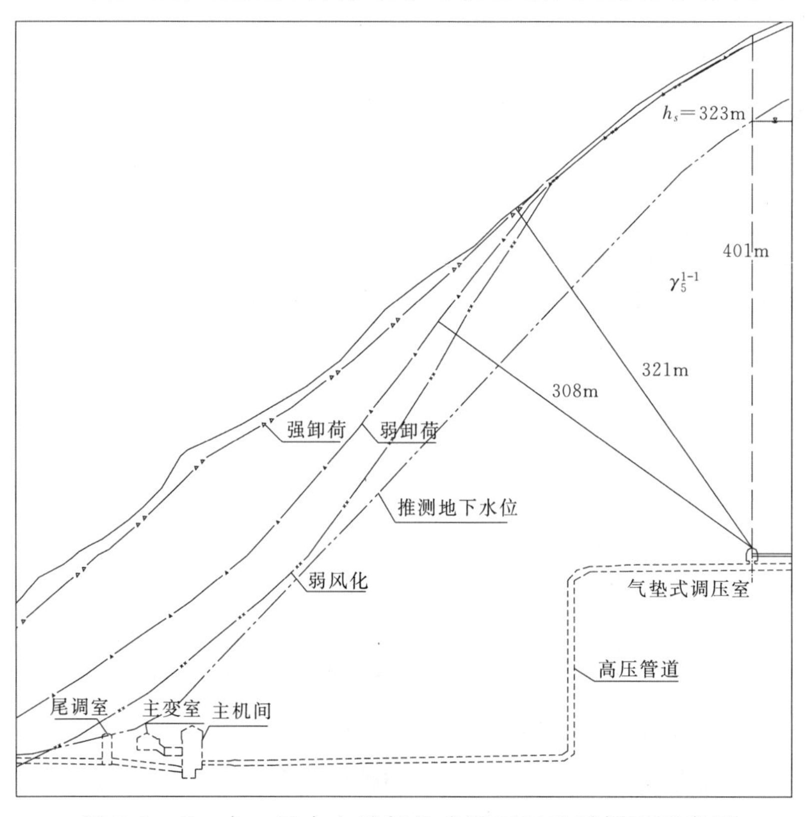

图7.1-2 自一里水电站气垫式调压室地质剖面示意图

(2) 岩体地应力与围岩抗劈裂稳定评价。气垫式调压室位置共做了3组水压致裂法地应力测试(其中主洞0+502m处不同方向两组),成果为:①靠山外σ_1=11.67MPa,σ_3=4.89MPa;②靠山里σ_1=11.88MPa,σ_3=5.03MPa;测试点上覆岩体厚度为408m。③支洞0+55m处水压致裂法空间地应力σ_1=13.93MPa,σ_3=6.09MPa,测试点上覆岩体厚度为429m。

根据气垫式调压室布置方案,调压室内静水头为323m,外加水锤压力后,水幕压力上限值为3.8MPa。实测的最小σ_3=4.89MPa,与气室内的水压力P_I和水幕压力P_W的比值分别为1.51和1.29,与挪威已建气垫式调压室设计采用的比值相比,σ_3/P_I比值处于挪威经验要求的1.2~1.5倍之间,地应力值基本满足气垫式调压室抗抬和抗劈裂评价准则要求。结合地应力分布,为了将气垫调压室布置于埋深较大及最小主应力值较高的位置,将气垫式调压室布置于支洞0~22m的位置。

(3) 岩体质量与成洞条件评价。初拟的气垫式调压室位置靠近侵入岩体边缘,调压室位置尽可能选择在完整的花岗岩内。PD7主洞0+438~0+592m和支洞一带,花岗岩和变质石英岩占60%~70%,花岗岩饱和湿抗压强度110~180MPa,湿抗拉强度5.6~9.4MPa;变质砂岩和石英岩饱和湿抗压强度170~210MPa,湿抗拉强度9~11.7MPa;二云母石英片岩捕虏体,饱和湿抗压强度90~170MPa,湿抗拉强度5.2~7.7MPa,均为坚硬岩类。

据平洞、钻孔资料统计,岩体*RQD*平均值大于76.7%,体积裂隙率平均为4.4条/m^3,岩体块度一般为0.53~0.83m,结构面中等发育,声波平均为5278~5556m/s。岩体完整性系数K_V值为0.647~0.829,岩体结构以块状为主,局部次块状,总体较完整—完整。

根据PD7平洞及支洞围岩分类指标,所选气垫式调压室布置区围岩水电系统分类、*Q*系统分类和*RMR*分类评分分别为71~91分、20.9~88.9分和73~90分,分别属于Ⅱ类、*Q*系统第三至四档和Ⅱ类围岩,均具备较好的成洞条件,洞室基本稳定。

(4) 岩体渗透性与围岩抗渗稳定性评价。在气垫式调压室勘探平洞PD7的主洞0+502和支洞0+55m两处,共布置了13个钻孔,在铅直方向、水平方向、上斜和下斜(与水平面呈45°交角)方向进行了常规压水试验88段、高压压水试验57段。从现场压水试验结果分析,岩体透水性以弱—微透水为主,局部中等透水,天然条件下岩体透水性不能满足气垫式调压室对岩体透水性的要求。

依据定性与定量分析相结合的方法,通过对基础地质条件(包括岩性分布与裂隙发育程度);平洞水文地质条件(包括出水点的分布、水量与水化学特征）和现场压水试验成果与岩体结构的对应关系等，将研究区岩体渗透性分为Ⅰ区中等透水岩体（PD7 洞 0～206m）、Ⅱ区以弱透水为主，部分微透水和中等透水（PD7 洞 206～453m）、Ⅲ区以微透水为主（洞深 453m 以里），调压室布置区处于Ⅲ区。对选定的调压室周围岩体再根据岩性分布、岩体结构和压水试验成果，进行详细渗透性分区：A 区多段弱—中等透水带（主要分布于调压室的南、西两侧端墙）、B 区以微透水为主，少量弱透水段（主要分布于调压室的中部）。

从岩体结构、裂隙发育特征及压水试验成果看，调压室及周围岩体具有明显的非均质各向异性特点，其透水性主要受岩性分布和裂隙发育的控制。从调压室施工开挖后的情况看，裂隙的分布、岩体的完整性和透水性具区段性。靠近调压室两端由于长大裂隙发育和砂板岩捕虏体的分布，天然情况下渗滴水较严重；中部花岗岩体较完整，渗滴水现象不明显。总体评价开挖后的气室四周岩体以微—弱透水为主，与前期勘探试验成果较吻合，天然岩体不作系统的高压固结灌浆不能满足调压室的运行要求。

（5）岩体渗流场模拟研究。为更好地定量分析研究区岩体的渗透性，在研究区水文地质条件合理概化的基础上，根据不同分区岩体的渗透取值，在较大范围内模拟了天然条件下裂隙岩体的渗流场和设水幕廊道、调压室运行时的渗流场。模拟结果表明，天然条件下岩体内地下水向河谷排泄，由于补给量较小，地下水水力梯度平缓，流速缓慢；在增大岩体渗透性系数的情况下，调压室及附近岩体地下水位降低，水力梯度变小。在水幕廊道和调压室运行时，由于增加了以调压室为中心的补给源，由此而产生的高水头水幕渗透区影响范围约 600m×450m，高水头的消散比较快，水幕的耗水量约 150t/d，如果增大岩体的透水性 5～10 倍，设水幕条件下渗流场特征变化不大，但水幕耗水量明显加大，约为原来的 3 倍。

调压室充水试验结果表明，当调压室加压至 1.2MPa 时（约为设计水头的 1/3），在交通洞和 6 号支洞等多处出现集中出水点，其最大渗径达 90m 以上。由此分析，当水幕压力上升至设计压力 3.8MPa 时，因水幕作用而产生的局部渗流场，其地下水渗透可达 300m 以上，因此，对水幕廊道及气室周围的勘探平洞、施工交通洞等进行高压固结灌浆和封堵是十分必要的，否则在调压室运行时，将成为地下水沿裂隙带集中排泄的通道，从而导致漏水量和漏气量过大，水压和气压达不到设计要求而无法正常运行。同时，在施工设计和水工设计时，应尽量减少调压室附近、交通洞等洞室的布置，以避免渗流场中的“天窗”效应。

7.1.2.5 施工地质工程处理措施研究

气垫式调压室和水幕廊道施工过程中对围岩进行了详细编录和分区，对洞壁岩体质量进行了声波检查、高压压水试验和高压固结灌浆试验及处理效果检测，又结合水幕孔的施工，对气垫式调压室和水幕廊道周围的岩体渗透性进行了高压压水试验。经加固处理后的洞室围岩的稳定性得到改善和提高；经高压固结灌浆处理后气垫式调压室围岩透水率满足 $q \leqslant 1\text{Lu}$ 的标准；对交通洞和气垫式调压室周围一定范围内的其他洞室（如勘探平洞）作了必要的封堵、衬砌、回填灌浆和固结灌浆，以减少水幕廊道及水幕孔在高压水作用下向周围扩散的渗透通道和降低渗漏量，以确保水幕正常运行，控制气室漏气量在设计允许范围。

7.1.3 布置及结构设计

7.1.3.1 气垫式调压室布置

气垫式调压室至水轮机距离约为 450m，水平埋深和竖向埋深均在 350m 以上，气室围岩类别为Ⅱ类、Ⅲ类。气垫式调压室由气室、水幕廊道、连接井及交通洞组成。

气室断面为 10m×13.9m（宽×高）的城门洞形，顶拱半径 5.67m，中心角 123°51′13.5″，总长 112m，底板高程 1707.00m，初始水面高程 1711.00m。水幕廊道断面为 4m×4m（宽×高）的城门洞形，总长 112m，布置在气室上面，距气室最小距离 14.1m，底板高程 1735.00m。水幕孔间距 3m，共 112 孔，孔径 ϕ70mm，孔深 35m，与水平夹角 30°，水幕孔与气室最小距离为 12.45m。气室与引水隧洞水平净距 17.9m，高差 10.8mm，采用斜井连接，斜井纵坡 1∶1.19，断面为城门洞形，宽 4.20m，高 4.80m。

水幕廊道通过水平廊道和斜井与外界相通，完建后对水平廊道进行封堵，堵头上设置一封堵门，用于水幕廊道的检修。高压供水管、监测电缆均经该堵头与水幕廊道连接。在交通洞内，设置高压水泵室、空压机室及配电室。

自一里水电站气垫式调压室临界稳定体积为 2601m^3，采用稳定气体体积为 9998m^3，稳定气体体积安全系数 $K_V=3.84$。气垫式设计气体压力为 3.23MPa，最大气体压力为 3.80MPa，最小气体压力为 2.92MPa；水幕廊道内水压力 $P_s=3.8$MPa。气室初始水深 4.0m。

气垫式调压室布置如图 7.1-3、图 7.1-4 所示。

7.1.3.2 气垫式调压室结构设计

调压室为气垫式调压室，由气室、连接井、水幕廊道、调压室交通洞及水幕廊道交通洞组成。

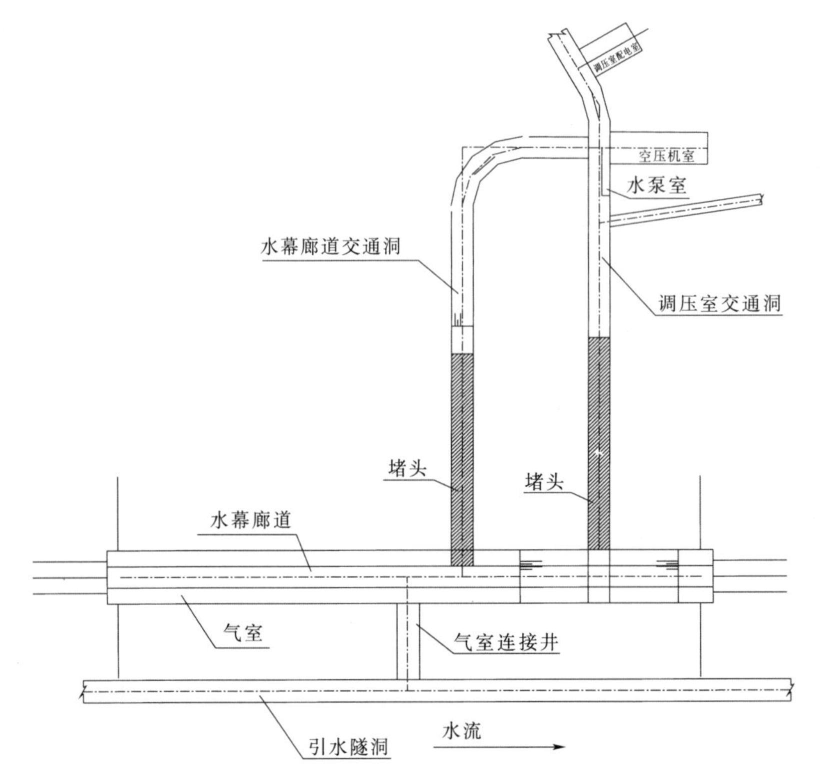

图 7.1-3 自一里水电站气垫式调压室平面布置图

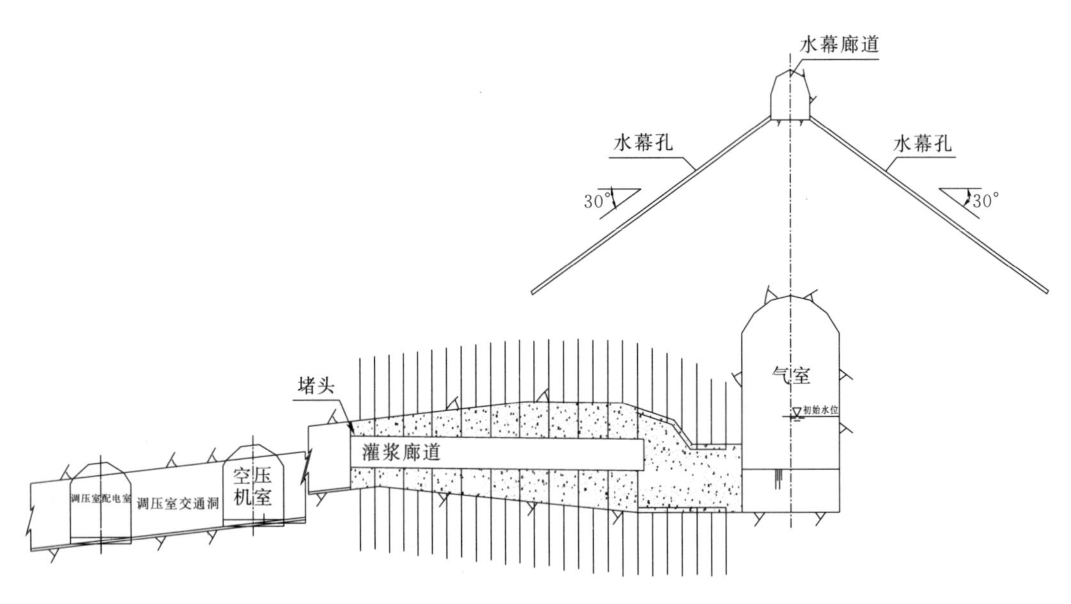

图 7.1-4 自一里水电站气垫式调压室剖面布置图

气垫式调压室最大气（水）压力小于 4.0MPa，至水轮机距离约为 450m，水平埋深和竖向埋深均在 350m 以上，围岩类别为Ⅱ类、Ⅲ类，满足气垫式调压室避免抬动围岩的要求。

气垫式调压室位置处的最小地应力 $\sigma_3=4.89$MPa，气垫式调压室设计压力选定为 3.23MPa，最大气压最大气体压力为 3.80MPa，水幕洞水压拟定为 3.80MPa，满足围岩最小主应力大于气垫式调压室最大气（水）压力的要求。

气室内大部分为Ⅱ类围岩，其余为Ⅲ类围岩，其中Ⅱ类围岩位置不进行支护。Ⅲ类围岩位置采用挂网喷锚衬砌，挂网钢筋 ϕ10@20×20cm；锚杆 ϕ25 长 4m，间排距 2m，梅花形布置，锚杆应与岩体结构面成较大角度布置，当结构面不明显时，可与洞壁周边轮廓垂直布置；喷混凝土 C20 厚 15cm；为避免在引水系统放空时造成喷锚衬砌失稳，在喷混凝土范围设置排水孔，孔径 38mm，间排距 2m，伸入岩石 50cm，梅花形布置。为保障闭气效果，要求气室内围岩的透水率不大于 1Lu，对不满足要求的位置，尤其是围岩较差的气室两端和裂隙处采用高压灌浆，灌浆压力为 4MPa，大于气室内的最大气压 3.80MPa。气室内共有 7 条断层、3 条挤压带和 16 条长大裂隙，均采用环氧树脂砂浆进行掏槽封堵，并在断层和挤压带的两侧进行裂隙灌浆，灌浆孔距 3m，孔深 6m，灌浆压力 4MPa，灌浆孔的方向根据裂隙倾角相应调整，尽可能穿过裂隙。由于裂隙灌浆在气室中段比较集中，同时考虑气室顶部水幕廊道和水幕孔的作用，在气室中段不再另设固结灌浆。在气室两端围岩比较破碎，裂隙灌浆较少，同时顶部的水幕孔较稀疏，所以在气室两端墙分别设置了 10 孔固结灌浆，并在气室上下游分别设置 4 排固结灌浆，每排 10 孔，排距 4m，孔深 10m，固结灌浆压力 4MPa。

在气室顶上设置水幕廊道、水幕孔形成“水幕”增强闭气效果，水幕廊道不进行支护。“水幕”内水压力为 3.80MPa，与最大气室气压相当。

气垫式调压室设置有气室交通洞和水幕廊道交通洞，用于气垫式调压室的施工和检修。气室交通洞封堵后不再设置永久通道，气室的检修将通过 6 号支洞设置的钢制闷头进入。水幕廊道交通洞封堵后设置钢制闷头作为检修的通道。气室交通洞和水幕廊道交通洞封堵段长度按《水工隧洞设计规范》（DL/T 5195—2004）的有关公式进行计算，内水压力按 380m 水头、混凝土的容许剪应力按 0.3MPa、安全系数按 3 取值，并考虑防渗要求，确定气室交通洞、水幕廊道交通洞封堵段长 40m，同时对封堵段进行了回填灌浆、固结灌浆处理，固结灌浆压力为 4.5MPa。

7.1.3.3 气垫式调压室运行

自一里电站水幕廊道漏水量计算值为 97m^3/h，实际运行中，采用串联两台 50m^3/h 的增压水泵，满足了“水幕”增压的要求，水泵过流量小于 50m^3/h。

自一里水电站初期发电时气室漏气量约为 $40\mathrm{Nm}^3/\mathrm{min}$，经过灌浆、涂刷高分子材料等措施处理后，气室漏气量约为 $5\mathrm{Nm}^3/\mathrm{min}$[5]。

7.1.4 设备选择和自动化设计

自一里电站气垫式调压室气、水及量测系统由以下几部分组成：气室充气、补气及排气系统；水幕室供水系统；气室、水幕室气压、水位及水压量测系统。

7.1.4.1 气系统主要设备选择

气室气系统主要设备包括气室充气和补气压缩空气设备。

自一里电站设置 2 台充气空压机，2 台补气空压机（1 台工作、1 台备用）。

气室设计气压 $P_0=3.23\mathrm{MPa}$，设计气体体积 $V=9998\mathrm{m}^3$，设置的充、补气空压机设备参数如下。

（1）充气空压机。工作充气空压机 2 台，水冷式，设置有专门的水冷却供水系统。供水系统取水自气垫式调压室，经取水口粗滤、减压，并经滤水器（手动）处理后供给空压机冷却器。

单台充气空压机主要技术指标如下：

生产率	$15\mathrm{m}^3/\mathrm{min}$
排气压力	40bar
电机功率	155kW

（2）补气空压机。补气空压机共设置 2 台风冷式空压机，1 台工作 1 台备用。整机主要技术指标如下：

生产率	$3\mathrm{m}^3/\mathrm{min}$
排气压力	45bar
电机功率	55kW

（3）排气装置。当调压室 C_T 值过高或水位较低时，由电动排气阀自动排气，经减压阀减压后排至尾水渠。电动排气阀设置 2 个，手电两用，互为备用。

7.1.4.2 水幕室供水系统设备选择

气室内设计内气压力约为 3.23MPa，水幕设计压力约为 3.73MPa，形成水幕超压闭气。

初步估计气垫式调压室水幕室水的渗漏量为 $25.2\mathrm{m}^3/\mathrm{h}$，水泵流量预留一定余量选择为 $40\mathrm{m}^3/\mathrm{h}$。

设置 3 台卧式离心式加压水泵用于水幕供水，1 台工作，2 台备用。水泵从调压室取水加压供至水幕室。

水幕室供水设计为自动供水，当水幕室水压降低至补水压力时，工作水泵启动，直至水压恢复至设计水压，然后停泵。

单台加压水泵主要技术参数如下：

水泵壳体承压　　5MPa

水泵扬程　　50m

流量　　$40m^3/h$

电机功率　　7.5kW

7.1.4.3 量测自动化元件设置

（1）气室气压、水位量测系统自动化元件。

1）气室气压测量：测量元件采用压力变送器，测点设在调压室气室顶部，测压管引出后接至压力变送器。共设 4 个压力变送器，其中 3 个压力变送器压力信号的算术平均值用于空压机的控制，另 1 个压力变送器信号上送计算机。测压管上设置压力开关 2 个，用于气室高压力报警和事故高压力报警。

2）气室水深测量：测量元件采用差压变送器。设置 3 个差压变送器，测点分别设在调压室气室顶部和最低水位以下。

（2）水幕室水压量测系统自动化元件。水幕室水压量测系统用于控制加压水泵的运行。水压量测共设置压力变送器 2 个，1 个用于水泵控制，另 1 个信号上送计算机；另设置压力开关 4 个，3 个用于水幕室低压报警、高压报警、超高压报警，1 个备用。

7.1.4.4 设备控制阈值

（1）气室控制阈值：

1）当调压室内 C_T 值下降至 $2856m^2$ 时（对应的调压室内水深 4.4m），工作空压机启动。

2）当调压室内 C_T 值下降至事故低值 $2822m^2$ 时，亮灯提示。

3）当调压室内 C_T 值下降至 $2788m^2$ 时（对应的调压室内水深 4.6m），备用空压机启动同时报警。

4）当调压室内 C_T 值继续下降至事故低值 $2720m^2$ 时，所有空压机停机，同时停发电机组、报警。

5）当调压室内 C_T 值上升至事故高值 $3060m^2$（每 30min 实测 1 次，连续 3 次的平均值，作为该控制值）时，排气阀动作排气同时报警。

6）当调压室内 C_T 值上升至事故高值 $3200m^2$ 时，排气阀动作排气，同时停空压机、停发电机组并报警。

7）当调压室内气压上升至事故高压值 4.0MPa 时，排气阀动作排气并报警。

8）当调压室内液位下降至 2.5m 时，排气阀动作排气并报警。

9）当调压室内液位下降至事故低液位值 2.0m 时，事故低液位报警，所有空压机停机，同时停发电机组。

（2）水幕室控制阈值：

1）水幕设计压力 3.7MPa。

2）当水幕室压力升至 3.8MPa 时，泄放阀开启。

3）当水幕室压力降至 3.7MPa 时，泄放阀关闭。

4）当水幕室水压下降至 3.2MPa 时，报警。

5）当水幕室压力升至 4MPa 时，所有水泵停泵，同时事故报警。

6）水幕水泵，1 台工作，1 台备用，连续工作，由现地控制系统控制工作泵与备用泵定时 8h 切换。

7.2 小天都水电站工程

7.2.1 概述

小天都水电站系瓦斯河干流梯级开发的第二级，工程开发任务为发电，无其他综合利用要求。闸首上距康定 9km，下距泸定 40km，厂址位于瓦斯乡日地村，下距泸定 33 km，经天全、雅安至成都，公路里程约 315km。闸、厂址有 318 国道直达成都与康定，对外交通方便。整个工程由首部枢纽、引水系统和厂区枢纽 3 大部分组成：首部枢纽拦河闸坝位于瓦斯河龙洞沟和柳沟之间，由冲沙闸、泄洪闸、排污道及左、右岸挡水坝组成，闸顶高程 2158.00m，闸轴线长 152m，最大闸高 39.00m，最大坝高 37.70m。引水系统由右岸取水口、有压引水隧洞、气垫式调压室、埋藏式压力管道组成，引水隧洞长 5987.053m，衬砌断面 6.5m×6.2m～5.7m×5.7m（宽×高），气垫式调压室尺寸为 80m × 16m × 15.5 ～ 19.97m（长 × 宽 × 高），压力管道主管长 431.608m，内径 4.0m。厂区枢纽由地下式主副厂房及其附属洞室、尾水系统、地面主变 GIS 控制楼等组成。电站额定引用流量 77.7m^3/s，额定水头 358m，装 3 台 80MW 混流式机组[6、14、15]。

小天都水电站工程建设始于 2002 年末，2005 年 9 月首部枢纽工程具备下闸蓄水条件，2005 年 12 月首台机组通过启动验收后并网发电，2006 年 8 月全面建成投产。

7.2.2 工程地质条件

7.2.2.1 勘探试验布置

小天都水电站气垫式调压室主要开展了下列勘探试验：勘探平洞（800m）、钻孔（720m/24孔）、地震波（260m）、室内岩石物理力学性质试验、现场岩体变形试验（4组）、应力解除法地应力测试（3组）、水压致裂法地应力测试（8组）、高压压水试验（8段）、水力阶撑试验（水力劈裂试验，8段），勘探试验布置如图7.2-1所示。在此基础上进行了地应力场有限元回归分析专题研究。

7.2.2.2 区域地质及地震概况

工程区地处青藏高原东南缘，属构造剥蚀的极高山、高山区，相对高差在2000m以上，地貌形态明显受构造控制，山川水系与构造线方向近乎一致。

瓦斯河段出露地层主要为晋宁—澄江期斜长花岗岩、闪长岩，伴有多期辉绿岩脉和细晶岩脉。各类不同成因的第四纪松散堆积层沿谷坡及河谷地段分布，该河段谷坡两岸崩积堆积较为发育。

在构造部位上位于北西向鲜水河断裂带和南北向大渡河断裂带所夹持的结晶地块上。北东面为金汤弧形构造带的西南段；西侧为鲜水河断裂带；东侧为南北向大渡河断裂带和北东向龙门山断裂带；南侧为南北向安宁河断裂带。

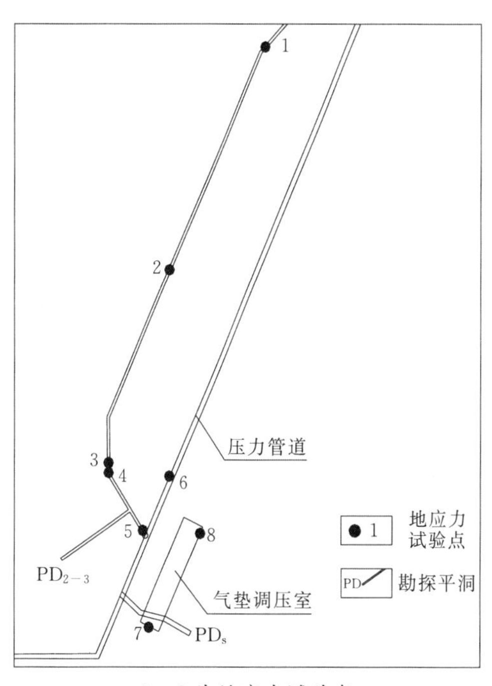

1～8为地应力试验点

图7.2-1 小天都水电站气垫式调压室勘探布置图

工程区位于北西向鲜水河地震带、南北向安宁河地震带及北东向龙门山地震带的交汇部位，但工程区内无大的活动断裂发育，所见断裂规模小，其最新一次活动均在中更新世晚期，故工程区本身不具备发生中、强地震的地质构造背景。经四川省地震局复核鉴定，小天都水电站厂址区50年超越概率为10%的基岩水平峰值加速度为317cm/s^2，地震基本烈度为8度。

7.2.2.3 基本地质条件

（1）地形地貌。厂址区位于瓦斯河右岸日地村上游约1.2km处，与冷竹关水电站尾水相接。气垫式调压室、压力管道和地下厂房系统布置于河流流向由NEE转至NW向的河道凸岸山体内，河道凸岸前缘高程1770.00～

1830.00m，坡度较陡60°～75°。高程1830.00～1880.00m为一高阶地缓坡平台，坡度15°～30°。高程1880.00～2240.00m以上坡度为35°～50°。调压室区位于瓦斯河右岸，河谷深切，岸坡山体雄厚，地形陡峻，为高程2000.00～3000.00m的中高山区，地形坡度35°～50°，侧向埋深300～450m。

（2）地层岩性。调压室区岩性为晋宁—澄江期浅灰、深灰或灰白色中粒斜长花岗岩、深灰色闪长岩及少量辉绿岩脉（β_μ）。

（3）地质构造。厂址区未发现区域性断裂，距鲜水河断裂带最短距离约13km，距大渡河断裂带最短距离约12km。据勘探平洞PD2揭示，主要构造形迹为小型断层及裂隙。小断层一般长数十米，宽3～20cm，充填角砾和碎屑，主要分布于平洞PD2洞深700m以外。裂隙以缓、中倾角为主，裂面平直、光滑、闭合，间距40～50cm为主，延伸长度多在5m以上。

（4）物理地质现象。物理地质现象主要表现为后山坡岩体崩塌、左岸熊家沟泥石流、地下厂房下游侧右岸后坡基岩浅表层座落体及表层岩体风化卸荷。厂址区岩体风化、卸荷较强。据PD2平洞资料，水平深度0～20m为强卸荷带，0～15m为弱风化上段，15～44m为弱风化下段。

（5）水文地质条件。调压室区地下水类型为基岩裂隙水。据PD2平洞揭示，在桩号0+350～0+680段地下水较丰，多处涌水、流水或滴水，钻孔揭示地下水位为1786～1791m，局部承压。PD2平洞0+680以里岩体透水性微弱，地下水不发育。据水质分析资料，PD2洞内地下水HCO_3^-－Ca^{2+}－Mg^{2+}－Na^{2+}－K^+型水，HCO_3^-含量小于1.07mmol/L，对混凝土均有弱溶出型腐蚀，厂区其他环境水对混凝土无腐蚀性。

7.2.2.4 工程地质评价

（1）气室埋深与山体抗抬稳定性评价。气室位置选定应避开深切冲沟，Ⅰ级、Ⅱ级结构面，岩溶发育区以及软岩等不利地段的基础上，将气垫式调压室布置于山体雄厚、地形完整、边坡稳定、无较大规模断层通过、中硬—坚硬岩等地段。所选调压室位置山体雄厚，坡度一般为35°～50°，高程2000.00m以上基岩裸露，水平埋深450～500m，上覆岩体厚455～520m，除去弱卸荷、弱风化岩体厚度，侧向最小埋深为2834m，上覆岩体厚250～290m（图7.2－2）。

气垫式调压室抗抬埋深条件主要从洞室埋深条件来评价，要求岩体不能因隧洞的内水压力、内气压力或水幕压力过高致使围岩产生上抬破坏。据$C_{RM}r_r\cos\alpha \geqslant h_s\gamma_w F$经验法则，以高程1787.00m作为气垫式调压室的底板高程，此处静水头h_s为392.5m，加上负荷变化时的压力上升，气垫式调压室的内水压力约4.35MPa，上部水幕压力约4.85MPa。取花岗岩天然密度2.7g/cm³，平均坡度按40°，当洞室侧向最小埋深C_{RM}>189.8m时，即可满足要求。

现拟位置 $C_{RM}\approx283.4\text{m}$，$C_{RM}r_r\cos\alpha\approx5.86\text{MPa}$，求得 $F=1.49$。故所选调压室位置的侧向及上覆岩体最小厚度能满足上述经验法则的要求，气室埋深可以满足山体抗抬稳定性要求。

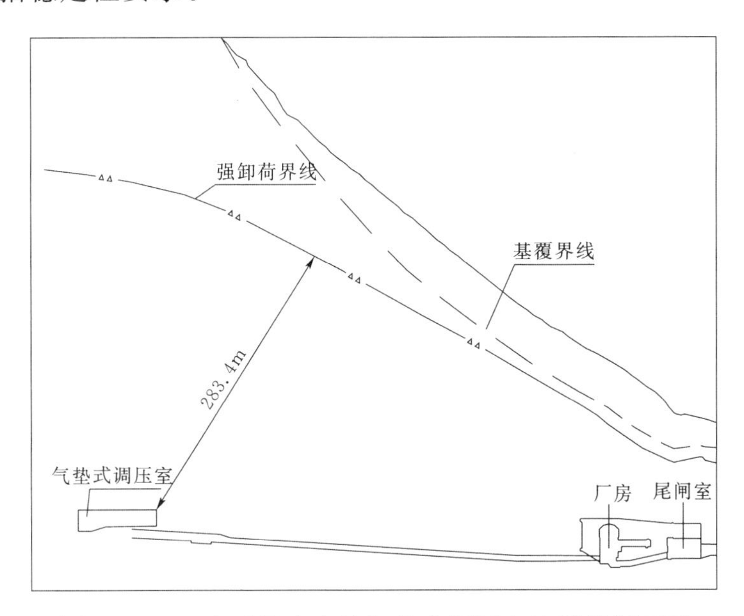

图 7.2-2　小天都水电站气垫式调压室地质纵剖面图

（2）岩体地应力与围岩抗劈裂稳定评价。为满足围岩抗劈裂稳定性要求，气垫式调压室布置区围岩最小主应力也大于气室内静水头压力、设计气压及水幕设计水压。抗劈裂地应力条件要求岩体不能因隧洞的内水压力、内气压力或水幕压力过高致使围岩产生水力劈裂或气压劈裂破坏，气垫式调压室岩体最小主应力 σ_3 应满足如下经验公式：$\sigma_3\geqslant(1.2\sim1.5)\gamma_w P_{\max}$。

在 PD2 平洞不同深度及压力管道、气室内分别进行了 3 组应力解除法地应力测试和 8 组水压致裂法地应力测试，随埋深增加地应力值增大，气垫式调压室位置最小主应力为 $\sigma_3=5.39\sim8.96\text{MPa}$，为气垫式调压室内气压力 4.48MPa 的 1.20～2.0 倍，满足调压室对最小主应力 $\sigma_3/P_I=1.2\sim1.5$ 的要求。

（3）岩体质量与成洞条件评价。气垫式调压室区岩性为晋宁—澄江期浅灰、深灰或灰白色中粒斜长花岗岩和深灰色闪长岩，湿抗压强度 200MPa 以上，湿抗拉强度 7.0～8.7MPa，岩石致密、坚硬。区内及附近无较大断层分布，主要为小断层、挤压带和裂隙，小断层、挤压带在洞身 680m 以外较发育，以内发育较少；节理裂隙以中缓倾角为主，间距 40～50cm，岩体以块状结构为主，局部为次块状，总体较完整—完整，以Ⅱ类、Ⅲ类围岩为主，岩体质量较好，具备良好的成洞条件。

（4）岩体渗透性与围岩抗渗稳定性评价。在PD2平洞不同深度及压力管道、气室内进行了高压压水试验、水力阶撑试验各8组。洞深525m以外部分试段不起压，岩体以弱透水为主，局部微透水；洞深670m以内，岩体以微透水为主，一般小于0.5Lu。从现场压水试验结果分析，洞深670m以外岩体内存在弱透水性段，局部中等透水带；670m以里，岩体以微透水为主，局部弱透水。

水力阶撑试验表明洞深525m以外，裂隙的阶撑压力一般小于2.5MPa，表明裂隙的闭合性差，连通性较好；洞深670m以内，裂隙的阶撑压力一般大于5MPa，部分大于10MPa，表明裂隙的闭合性好，连通性较差。天然条件下岩体透水性不能满足气垫式调压室岩体抗渗稳定要求，需采取相应的防渗处理。

（5）现今地应力场三维有限元数值模拟分析。根据PD2平洞揭示的地质情况，特别是岩体类别的分布情况，将整个计算模型按岩体完整程度分为若干个区间；采用可研阶段5组水压致裂原地应力测量数据作为应力约束条件，以小天都气垫式调压室厂址区地质平面图为基础，建立有限元计算模型进行现今地应力场三维有限元数值模拟分析。对计算结果进行分析如下：

1）从压力管道所在纵剖面的主应力分布规律来看，最大主应力和最小主应力都呈现出自上到下逐渐增加的规律，另外，对不同高程的平面内的应力分布进行仔细的对比和分析也可以看出这一规律，这反映出自重应力对工区内的应力分布状态具有重要的控制作用。

2）从应力在平面上的分布规律来看，主应力值呈现出由南向北逐渐变小的趋势，这可能与山体的埋深有关。在此需要指出的是，在计算模型的西北边缘，对应的最大主应力分布出现了应力集中现象，而最小主应力没有相应的显示。在断层附近，应力值有所降低。

3）对比分析四个高程1840.00m、1820.00m、1780.00m、1760.00m平面上的主应力值变化规律，对应的气垫调压室位置的最大主应力量值约为16～20MPa之间，最小主应力的量值范围为6～10MPa之间；主机间和安装间位置最大主应力量值为8～11MPa之间，最小主应力的量值约为2～4MPa。

从压力管道（由气垫调压室至地下厂房区间）所在纵剖面的应力分布图来看，在这一区间，压力管道由北向南所穿越的空间范围内，最大和最小主应力由大到小逐渐降低，穿越断层时，应力降更为明显。在此区间内，最大主应力的范围为21～10MPa，最小主应力的范围约在9～3MPa之间。

7.2.2.5　施工地质工程处理措施研究

根据气垫式调压室及交通洞、水幕廊道及交通洞施工开挖揭示的工程地质条件，对气垫式调压室顶拱层、左边墙、右边墙、端墙、交通洞堵头段、水幕廊道、水幕廊道交通洞堵头段、气室等发育的不稳定块体、小断层等缺陷部位进行了补强处理。为保证洞室稳定及水幕孔高压水不致过分损失，提高气室闭气效果，对气室及水幕廊道进行全断面系统高压固结灌浆。水幕廊道交通洞和调压室交通洞（0+514～0+427m段）设置混凝土堵头封堵、回填灌浆及全断面系统高压固结灌浆。对气垫调压室左边墙（0+00～0+80m）与引水隧洞—压力管道［（隧）5+993～（管）0+050m］间及气垫调压室顶拱（0+00～0+80m）与水幕室（0+00～0+80m）间的低波区加强了灌浆处理。气室连接井（Ⅲ类围岩）采用钢筋混凝土衬砌，回填灌浆，再进行全断面系统固结灌浆。

7.2.3 布置及结构设计

7.2.3.1 气垫式调压室布置

气垫式调压室位于晋宁—澄江期斜长花岗岩组成的山体内，山体较雄厚，地形坡度40°～50°，水平埋深约450～500m，上覆岩体厚约465～530m，除去强卸荷岩体，上覆岩体厚约265～300m。

气垫式调压室至水轮机距离约为430m，气室围岩类别为Ⅱ类、Ⅲ类。气垫式调压室由气室、气室交通洞、连接井、水幕廊道及水幕廊道交通洞组成。

气室为长条形，布置在压力管道右侧，采用城门洞型断面，宽16m，高15.5～19.97m，长80m。气室顶拱半径10m，中心角106°15′37″。气室与引水隧洞水平净距18.75m，通过连接井连接。连接井兼作施工和检修通道，底板坡度为12.25%。水幕廊道采用城门洞形断面，宽4.8m、高5.85m，顶拱半径2.57m，中心角138°2′3″。与气室相同为80m的长条形洞室。正骑于气室上面，与气室之间围岩厚18m，小天都水电站通过在气室上部的水幕廊道设置水幕孔形成“水幕”，“水幕”的范围覆盖整个调压室顶部以及部分边墙。水幕孔与气室最小距离为10.82m。水幕廊道通过水幕廊道交通洞与调压室交通洞连接。施工期作为施工通道，施工完成后设置堵头封堵，堵头上设置检修进人孔。高压供水管、监测电缆均经该堵头与水幕廊道连接。在交通洞内，设置高压水泵室、空压机室及配电室。

小天都水电站气垫式调压室临界稳定体积为11163m^3，采用稳定气体体积为18300m^3，稳定气体体积安全系数$K_V=1.64$。气垫式调压室设计气体压力3.77MPa，最大气体压力4.44MPa，最小气体压力3.35MPa；水幕廊道内水压力$P_s=4.25$MPa。气室初始水深4.0m。

气垫式调压室布置如图7.2-3、图7.2-4所示。

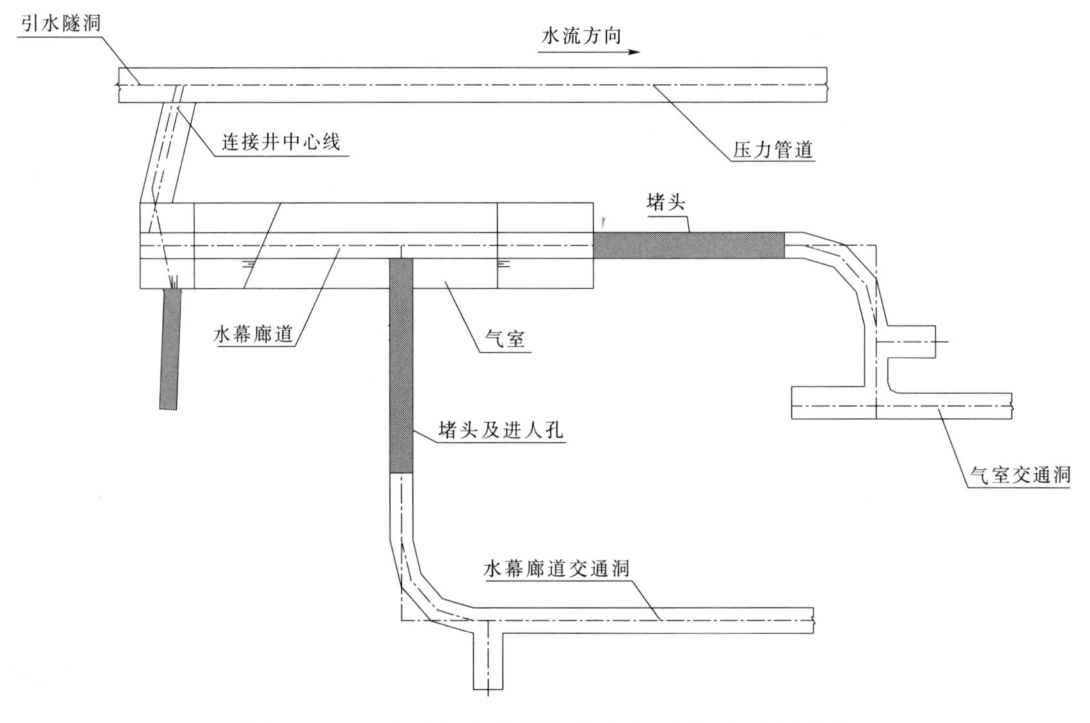

图 7.2-3 小天都水电站气垫式调压室平面布置图

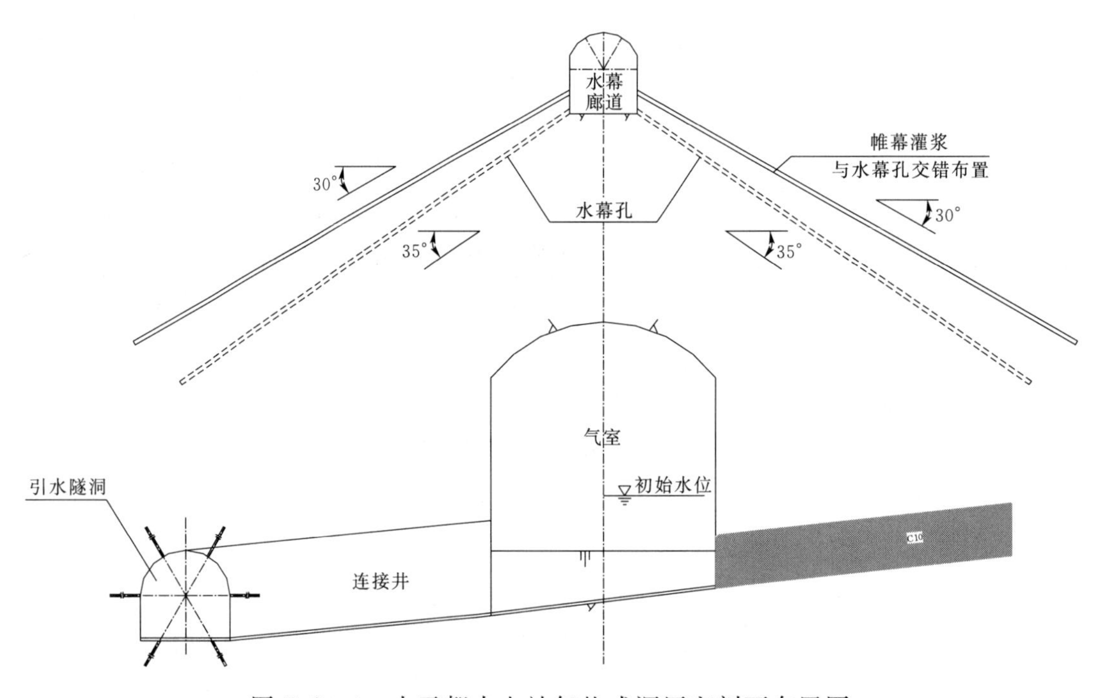

图 7.2-4 小天都水电站气垫式调压室剖面布置图

7.2.3.2 气垫式调压室结构设计

调压室为气垫式调压室，由气室、连接井、水幕廊道、调压室交通洞及水幕廊道交通洞组成。

气室及水幕廊道Ⅱ类围岩不进行支护。气室Ⅲ类围岩采用挂网锚喷支护，挂网钢筋 ϕ8@13×13cm；锚杆 ϕ25 长 5m，间排距 1.5m，梅花形布置。水幕廊道Ⅲ类围岩采用挂网锚喷支护，挂网钢筋 ϕ8@13×13cm；锚杆 ϕ22 长 3m，间排距 2.0m，梅花形布置。锚杆应与岩体结构面成大角度布置，当结构面不明显时，可与洞壁周边轮廓垂直布置；喷混凝土 C20 厚 15cm。为保证洞室稳定及水幕孔中的高压水不致过分损失，提高气室闭气效果，对气室及水幕廊道进行全断面系统高压固结灌浆。气室采用全断面系统固结灌浆，灌浆孔孔深 8、9m 交替布置，间排距 2.5m，梅花形布置，并根据灌浆情况及灌后压水试验成果对个别部位布置加密孔，灌浆压力为 5.0 MPa，大于气室内的最大气压 4.48MPa。根据施工开挖揭示，气室下半洞右边墙岩体裂隙发育，延伸长，多数微张—张开，局部充填少量岩屑、次生泥，裂隙面新鲜—强锈，干燥—湿润，岩体完整性差，呈次块状结构，为Ⅲ类围岩，局部稳定性差，特别是 0+030.0～0+080.0m 段由 f_1、j_6、j_8 3 组结构面构成的不利组合将右侧边墙切割出一个关键块体（危岩体）。其中 0+030.0～0+035.0m 段（▽1793.00～1798.50m）已于 2005 年 4 月 16 日发生塌方失稳。针对这一情况，设计对下半洞右侧边墙进行特殊处理，首先对围岩进行锚喷支护，在 0+030.0～0+080.0m 段布置随 j_6 结构面逐渐加深的深锚杆以确保围岩稳定（锚杆深入 j_6 内侧基岩不小于 2m）；然后再进行高压固结灌浆施工，同样对右侧边墙 0+030.0～0+080.0m 段也布置逐渐加深的固结灌浆孔，灌浆孔孔深略大于锚杆孔深，并要求灌浆施工过程中应密切观察岩石抬动。

水幕廊道采用全断面系统固结灌浆，灌浆孔孔深 3.5m，每排 8 孔，排距 3.0m，梅花形布置，根据灌浆情况及灌后压水试验成果对个别部位布置加密孔，灌浆压力为 5.5MPa，大于水幕廊道工作压力 4.5MPa。灌浆孔的方向根据裂隙倾角相应调整，尽可能穿过较多的裂隙结构面。为防止外水作用喷层削落，在喷锚支护区设 ϕ=50mm 排水孔，孔深入围岩 50cm，间排距 2.0m，梅花形布置。气室及水幕廊道灌浆均采用超细水泥，灌前压水试验压力采用灌浆压力的 100%进行，灌后检查孔压水试验按灌浆压力的 80%进行，压水检查孔不少于总孔数的 10%。

7.2.3.3 气垫式调压室运行

小天都电站采用两台 40m^3/h 的增压水泵，满足了“水幕”增压的要求。小天水电站随着空压机不断充气，气室气垫增厚，气室气体与岩石接触面增加，气室漏气量也明显增加，当气室内水面接近设计水位时，漏气量约为20Nm³/min。

7.2.4 设备选择和自动化设计

小天都电站气垫式调压室气、水及量测系统由以下几部分组成：气室充气、补气及排气系统；水幕室供水系统；气室、水幕室气压、水位及水压量测系统。

7.2.4.1 气系统主要设备选择

气室气系统主要设备包括气室充气和补气压缩空气设备。

小天都电站设置3台充气空压机（2台工作、1台备用），2台补气空压机（1台工作、1台备用）。

小天都电站气室设计气压 P_0=3.66MPa，设计气体体积 V=12360m³，设置的充、补气空压机设备参数如下。

（1）充气空压机。工作充气空压机2台，水冷式，设置有专门的水冷却供水系统。供水系统取水自气垫式调压室，经取水口粗滤、减压，并经滤水器（手动）处理后供给空压机冷却器。

单台充气空压机主要技术指标如下：

生产率　16m³/min

排气压力　50bar

电机功率　210kW

另设置备用充气空压机1组，由12台风冷式空压机组成，可根据需要启动不同台数运行。整机主要技术指标如下：

生产率　12m³/min

排气压力　50bar

电机总功率　132kW

（2）补气空压机。补气空压机共设置2组，每组空压机由5台风冷式空压机组成，可根据需要运行1～5台机。整机主要技术指标如下：

生产率　5m³/min

排气压力　50bar

电机功率　55kW

（3）排气装置。当调压室 C_T 值过高或水位较低时，由电动排气阀自动排气，经减压阀减压后排至尾水渠。电动排气阀设置2个，手电两用，互为备用。

7.2.4.2 水幕室供水系统设备选择

气室内设计内气压力约为3.66MPa，水幕设计压力约为4.2MPa，形成水幕超压闭气。

初步估计气垫式调压室水幕室水的渗漏量为70m^3/h，水泵流量预留一定余量选择为90m^3/h。

设置3台卧式离心式加压水泵用于水幕供水，1台工作，2台备用。水泵从调压室取水加压供至水幕室。

水幕室供水设计为自动供水，当水幕室水压降低至补水压力时，工作水泵启动，直至水压恢复至设计水压，然后停泵。

单台加压水泵主要技术参数如下：

水泵扬程	142m
流量	87m^3/h
电机功率	75kW

7.2.4.3 量测自动化元件设置

（1）气室气压、水位量测系统自动化元件。

1）气压测量：测量元件采用压力变送器，测点设在调压室气室顶部，测压管引出后接至压力变送器。共设4个压力变送器，其中3个压力变送器压力信号的算术平均值用于空压机的控制，另1个压力变送器信号上送计算机。测压管上设置压力开关2个，用于气室高压力报警和事故高压力报警。

2）水深测量：测量元件采用差压变送器。设置3个差压变送器，取3组差压测量信号的算术平均值作为水深值，用于气系统设备的控制。

（2）水幕室水压量测系统自动化元件。在水幕室设置有水压量测系统，用于控制加压水泵的运行。共设置压力变送器2个，1个用于水泵控制，另1个信号上送计算机；另设置压力开关4个，3用于水幕室低压报警、高压报警、超高压报警，1个备用。

7.2.4.4 设备控制阈值

（1）气室控制阈值。

1）气室控制常数C_T：

$C_{T0}=4223.95m^2$（$L_{s0}=4.0m$）	设计值（停止补气）
$C_T=4070m^2$（$L_s=4.4m$）	工作补气空压机启动
$C_T=3993m^2$（$L_s=4.7m$）	备用补气空压机启动并报警
$C_T=3916m^2$（$L_s=4.8m$）	发出紧急停机信号
$C_T=4470m^2$（$L_s=3.4m$）	工作排气阀开启，警示性报警
$C_T=4530m^2$（$L_s=3.2m$）	备用排气阀开启，警示性报警

$C_T=4600m^2$（$L_{水深0}=3.0m$） 报警，发出紧急停机信号

2）室内水深 L_s：

$L_s=L_{s0}=4.0m$（$C_{T0}=4223.95m^2$） 停止补气，排气阀保持关闭

$L_s=2.0m$ 排气阀开启排气，报警

$L_s=1.8m$ 发出紧急停机信号

（2）水幕室控制阈值。水幕室控制阈值指水幕室与气室差值 ΔP、水幕室压力 P：

$\Delta P=0.5MPa$ 停泵压力

$\Delta P=0.4MPa$ 工作水泵启动

$\Delta P=0.3MPa$ 备用水泵启动

$\Delta P=0.25MPa$ 另 1 台备用水泵启动

$\Delta P=0.8MPa$ 报警

$P=5.0MPa$ 安全阀开启，提示性报警

$P=5.2MPa$ 警示性报警

7.3 金康水电站工程

7.3.1 概述

金康水电站位于四川省甘孜藏族自治州康定县境内，系金汤河梯级开发规划的最后一个梯级电站。金康水电站闸址位于金汤镇余家关口处，上距金汤镇0.6km，下距金汤河河口约 17km。地面厂房上距金汤河河口 7km，下距姑咱镇约 21km。厂房有康丹县级公路相通，闸址至河口有简易公路与康丹公路衔接，电站对外交通方便。

金康水电站为低闸引水式开发电站，电站装机 2 台，总装机容量 150MW。枢纽工程主要由闸坝枢纽、引水系统、厂区枢纽等建筑物组成。闸坝位于金汤河金汤镇余家关口处，水库具有日调节性能，电站设计引用流量 $37.4m^3/s$。闸坝顶全长约 94.91m，最大坝高 20m。引水建筑物由进水闸、有压引水隧洞、调压室及压力管道组成，隧洞全长 16302.511m[7]。

金康水电站首部枢纽于 2003 年 12 月 28 日开工，2006 年 4 月建成发电。

7.3.2 工程地质条件

7.3.2.1 勘探试验布置

金康水电站气垫式调压室主要开展了下列勘探试验：勘探平洞（结合施工

支洞，2040m/4 条）、钻孔（420m/12 孔）、室内岩石物理力学性质试验（6 组）、岩石三轴试验（1 组）、现场岩体变形试验（6 组）、水压致裂法地应力测试（4 组）、高压压水试验（39 段）、水力阶撑试验（水力劈裂试验，16 段），勘探试验布置如图 7.3－1 所示。

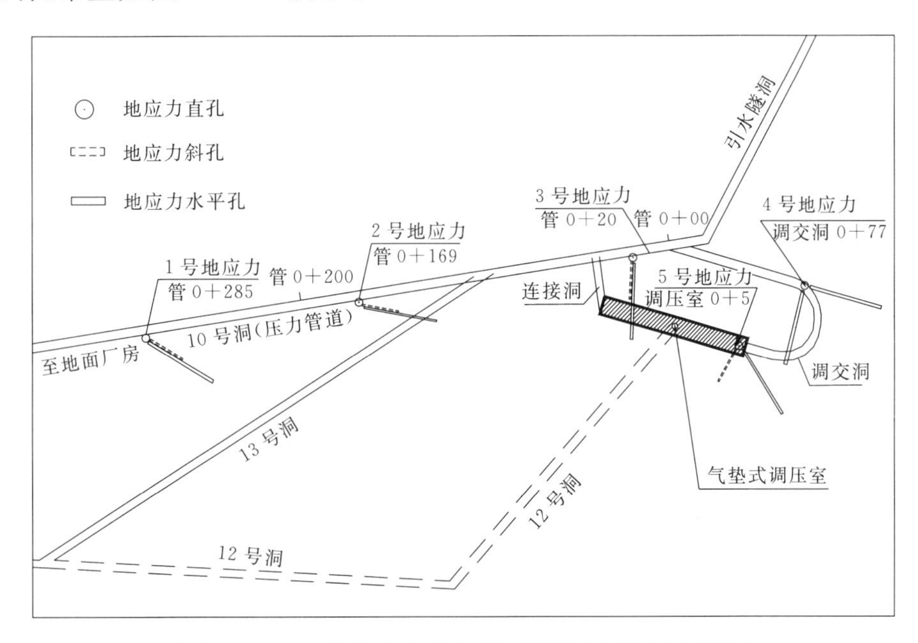

图 7.3－1 金康水电站气垫式调压室勘探布置图

7.3.2.2 区域地质及地震概况

工程区位于青藏高原向四川盆地的过渡带，地形崎岖，叠嶂层层，总体地势西北高南东低，山势展布与主要构造线走向相近似。金汤河总体呈 NE～SW 向流经工程区，河谷狭窄，水流湍急，河谷形态以 V 形为主，U 形相间，两岸谷坡阶地分布零星，总体反映出第四纪以来该区强烈上升隆起，河流急剧下切侵蚀以及冰川作用强烈的特点。

工程区内地层除寒武系缺失外，从前震旦系到第四系均有不同程度的发育，地层跨越三大岩相区，其中泥盆系、三叠系、岩浆岩地层是工程建筑物区涉及的主要地层。各类不同成因的第四系松散堆积层沿谷坡及河谷分布，第四系残积、崩坡积、冰川、冰水堆积主要分布于山顶平台及缓坡地带，冲洪积广泛分布于沟口、河床及两岸阶地。

工程区位于金汤弧形构造带、川滇南北构造带、北东向龙门山构造带和北西向构造带的交汇复合地带。在大地构造部位上隶属于松潘—甘孜褶皱系后龙门山冒地槽皱褶带、巴颜喀拉地槽皱褶带与扬子地台康滇地轴北端相衔接部位。区域控制性主干断裂为北东向龙门山断裂带、金汤弧形构造带、大渡河断裂带、北西向构造带。

历史地震资料表明，工程区外围发生的中、强震对场地的影响烈度为6～7度。工程区内无发生强震的地震地质背景，其地震危险性主要来自外围强震活动的波及影响。据《中国地震动参数区划图（GB 18306—2001)》，其地震水平向动峰值加速度为0.2g，地震动反应谱特征周期为0.45s，对应地震基本烈度为8度。

7.3.2.3　基本地质条件

（1）地形地貌。厂址区位于姑咱镇麦崩乡孟子坝村大渡河一级阶地上，大渡河在厂区流向正南，枯水期河水位1469m左右，河面宽70～110m，一级阶地长300～400m，宽70～90m，拨河高度9～10m，平台地面高程1478.00～1479.00m。上游侧发育切割较浅的冲沟，沟内无常年流水。阶地下游侧地形坡度较陡，冲沟发育。调压室布置在厂房后坡陡峻山体内，后坡基岩裸露，自然坡高近700m左右。

（2）地层岩性。厂址区岩性较单一，为晋宁—澄江期石英闪长岩及闪长岩岩脉。

（3）地质构造。无区域性断裂通过，西距鲜水河断裂带40km，东距大渡河断裂带5.0km。调压室区无规模较大断层分布，勘探平洞中见少量随机小断层发育及挤压破碎带分布。气垫式调压室主要发育5条小断层：①f1（SN/E∠45°～50°)，②f2（N30°E/NW∠75°)，③f3（N30°～50°E/NW∠80°)，④f4（N40°～50°E/NW∠20°～40°)，⑤f5（N20°E/NW∠75°～80°)；主要发育8组裂隙：①N20°～30°E/NW∠75°～80°，②N40°～50°E/NW∠45°～85°，③N70°～80°E/NW∠65°～85°，④N20°～30°E/SE∠15°～55°，⑤N20°～50°W/NE∠75°～85°，⑥N30°～50°W/SW∠52°～67°，⑦EW/N∠15°～70°，⑧SN/E∠45°～85°。

（4）风化卸荷。调压室区岩性以石英闪长岩为主，岩体坚硬，较完整，风化微弱，岩体嵌合较紧密，表现为局部裂隙及断层面上有少量锈染，裂面上矿物轻度蚀变，均属微风化—新鲜岩体。据施工洞揭示，岩体强风化不发育，强卸荷水平深度为90～102m，弱卸荷带下限水平深度为150～164m，弱风化带下限水平深度为102m。

（5）水文地质条件。气垫式调压室区含水不丰，10号洞、12号洞、13号洞壁一般湿润或渗滴水，在洞壁有小断层阻水时，局部具暂时性线状流水，但暂时性特征明显。据水质分析成果，厂区环境水水质类型为HCO_3^-—Ca^{2+}型水，厂区环境水对混凝土不具腐蚀性。

7.3.2.4　工程地质评价

（1）气室埋深与山体抗抬稳定性评价。调压室区山体雄厚、地形完整，自然坡度一般40°～50°，坡体基岩裸露，自然坡高近700m。气垫式调压室位置上覆岩体最小垂向厚度为634m，与斜坡之间最小侧向埋深为508m，水平埋深最小668m，去掉强卸荷岩体后，侧向最小埋深约为440m（图7.3-2）。

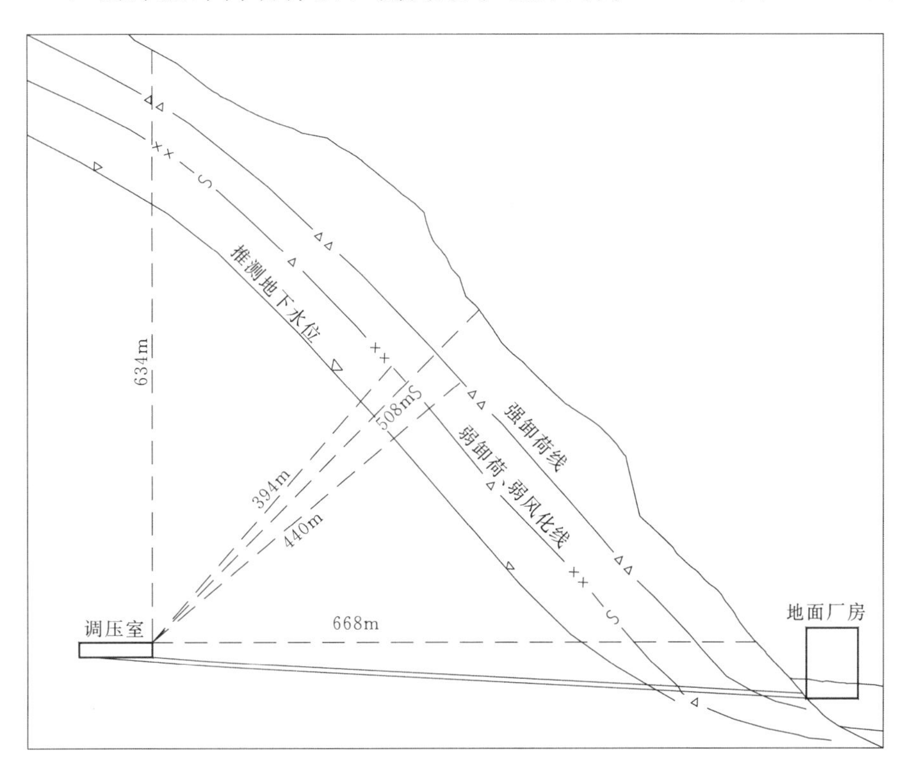

图7.3-2 金康水电站气垫式调压室地质剖面图

根据经验法则，气垫式调压室底板高程1513.00m处静水头h_s为447m，加上水锤压力后，压力管道的内水压力约为5.0MPa，气垫式调压室的内气压力5.56MPa，考虑水幕压力6.3MPa。取石英闪长岩天然密度2.70g/cm^3，平均坡度按45°考虑，当洞室侧向最小埋深$C_{RM}>234$m时，即可满足经验公式的要求；现调压室外侧端顶拱处上覆岩体最小侧向埋深为440m，计算$\gamma_r C_{RM}\cos\alpha\approx 8.4$MPa，大于气垫式调压室的内气压力5.56MPa及水幕压力6.3MPa，因此，调压室位置的侧向岩体上覆厚度满足经验法则要求。

（2）岩体地应力与围岩抗劈裂稳定评价。在压力管道、调交洞、气垫式调压室部位进行的5组共计15个测孔的水压致裂三维地应力测试，地应力测试位置布置图如图7.3-1所示。成果表明：管0+100m以外两组地应力测试$\sigma_1=9.54\sim11.84$MPa，$\sigma_3=5.64\sim6.37$MPa，管0+100m以里3组地应力测试$\sigma_1=13.17\sim16.55$MPa，$\sigma_3=6.97\sim7.94$MPa。其中2号断面（管0+169m）处$\sigma_3=5.64$MPa，不满足经验公式；3号断面采用水平最大主应力（σ_H）大值回归，其σ_3值存在一定可靠度，因此将气垫式调压室布置于管0＋100m以里。选定的调压室区3号、4号、5号断面3组测点σ_3与气室内气压力P_{max}（约5.8MPa）比值分别为1.200、1.290和1.369，σ_3/P_{max}比值满足要求。

为了解高水头下气室围岩抗劈裂能力，在3号、4号、5号断面开展各单孔不同方向的水压致裂试验。3号断面测点岩体的水压致裂抗张强度较低，4号、5号断面抗张强度值约高，但岩体抵御高压水抗劈裂能力总体上较弱。对照钻孔岩芯，上述测试段局部埋深较浅，发育原生裂隙。由此可见，岩体断层、裂隙较发育，岩体完整性相对较差，导致围岩抗劈裂能力总体较弱，应考虑采取有效的加固处理措施。

在2号、3号、4号断面钻孔中共选择了16个测试段进行水力阶撑试验，测试段长度为1～2.7m，测试段内含有原生裂隙。试验结果表明：大多数孔段阶撑压力大于5.8MPa，但有4段阶撑压力分别为4.5MPa、4.4MPa、2.7MPa、3.0MPa。从测试段岩芯情况分析，测试段阶撑压力的大小与试验段及附近裂隙的发育程度及连通性有关。水力阶撑压力测试成果表明，气垫式调压室区围岩承载高压的能力较好，但局部段仍由于裂隙较发育，相互切割贯通，导致抗劈裂能力降低，应采取有效的加固处理措施。

（3）岩体质量与成洞条件评价。气垫式调压室部位围岩水电系统评分一般50～74分，局部29～32分；Q系统计算Q值一般为31和5～7，属于第四档“好”和“一般”岩体，为Ⅱ类、Ⅲ类围岩；局部断层破碎带属“坏”岩体，为Ⅳ类围岩。综上此段围岩总体上应划分为Ⅲ类，局部Ⅱ类、Ⅳ类，成洞条件一般，洞室基本稳定，局部稳定性差。

气垫式调压室岩性为石英闪长岩，岩石微风化—新鲜，湿抗压强度为129～344MPa，湿抗拉强度为2.5～22.4MPa，岩石致密、坚硬。区内无区域性断裂通过，仅局部发育小断层、挤压破碎带及节理裂隙，调压室区小断层发育较少，节理裂隙以中陡倾角为主。岩体以次块状结构—镶嵌结构为主，局部为块状及碎裂结构，总体较完整—完整，围岩类别Ⅲ类为主，局部Ⅱ类、Ⅳ类，岩体质量一般—较好，洞室基本稳定，局部不稳定，具备一定的成洞条件。

（4）岩体渗透性与围岩抗渗稳定性评价。调压室区地下水类型主要为基岩裂隙水，接受大气降水补给，因埋深较大，裂隙多闭合，受裂隙发育的不均一性影响，入渗到山体内的地下水主要沿长大裂隙带补给，速度较慢。据勘探平洞和开挖揭示调压室洞壁沿断层挤压破碎带有普遍滴水现象，调压室区少见线状流水点，未见集中涌水点，地下水出水点的位置及水量大小极不均一，反映出脉状裂隙水的特点。

调压室选址阶段，在1号、2号、3号及4号断面共进行了43段高压压水试验，气垫式调压室围岩整体天然透水率统计表明：$q<1$Lu、$1<q<5$Lu、$q>5$Lu段数占总试验段比例分别为74.4%、20.9%、4.7%。

综合高压压水试验成果与水力阶撑试验成果分析：3号断面垂直孔深9.02～11.72m测试段阶撑压力为2.7MPa，该段高压压水中，最高压力只能升至4.0MPa，透水量较大，其流量值已大于6～12L/min，试段高压压水成果大于1Lu；4号断面水平孔20.7～21.7m测试段阶撑压力为3.0 MPa，该段高压压水试验最高压力达到了6MPa，透水量较大，其流量值达到3～18L/min，试段高压压水成果约小于1Lu；其余孔测试段阶撑压力均大于6MPa，对应测试段高压压水成果也均小于1Lu。上述分析表明：高压压水试验和水力阶撑试验成果互为印证，比较吻合，成果反映气垫调压室洞壁岩体总体为微透水性，受裂隙发育及局部一定规模小断层的影响，局部透水性弱—中等，岩体局部抗渗稳定性较差，且存在在高压条件下局部产生水力劈裂的可能，须采取有效的处理措施。

7.3.2.5　施工地质工程处理措施研究

气垫式调压室岩体次块状结构—镶嵌结构为主，局部为块状及碎裂结构，岩体结构具不均一性。围岩承载高压的能力，与岩体中裂隙的发育程度和连通性有关，水力阶撑试验反映气垫式调压室区围岩承载高压的能力较好，但局部段裂隙较发育、相互切割贯通，加之在调压室部位发育一定规模的小断层，造成围岩在高压作用下抗劈裂能力降低。高压压水试验成果显示，气垫调压室洞壁岩体总体为微透水性，受裂隙发育的影响，局部透水性弱—中等，局部抗渗稳定性较差。洞室具备一定成洞条件，总体基本稳定，局部稳定性差。鉴于以上工程地质条件，施工过程中需对调压室围岩采取了必要的支护措施。

气室围岩以Ⅲ类为主，洞室基本稳定，为密闭高压气体，气室内采用双层钢筋混凝土夹钢板方式支护，混凝土厚90cm，钢板呈倒“U”形，钢板厚度为8～10mm，材质为Q235，内嵌在钢筋混凝土中。钢筋混凝土起固定钢板和承受机组丢弃或增负荷引起的地下水压力和气室气体压力之间的波动差压。气室连接隧洞前端设置直径为2.0m的阻抗孔。气室边墙、顶拱及气室两端头布置系统平压孔，深入基岩4m，排距2m，矩形布置。排水钢管伸入系统平压孔70cm，排水钢管和气室里的水垫连通。气室顶部60°范围内进行回填灌浆，回填灌浆孔深入基岩5cm，排距3m，单双孔交错布置。

气垫式调压室施工完成后，对调压室交通洞进行了封堵，为减少高压堵头渗漏、提高气室的气密性，采用了多级灌浆，包括水泥灌浆和化学灌浆（环氧树脂和聚氨酯）。

7.3.3 布置及结构设计

7.3.3.1 气垫式调压室布置

气垫式调压室位于厂房后坡山体内，地形陡峻，自然坡度一般40°～50°，地面高程1480.00～2100.00m。厂区后坡基岩裸露，自然坡高近700m左右。气垫式调压室区，岩体风化微弱，岩体嵌合较紧密，表现为局部裂隙及断层面上有少量锈染，裂面上矿物轻度蚀变，均属微风化—新鲜岩体。气垫式调压室布置在压力管道左侧，气室轴向与压力管道交角约25°，调中位置为（管）0+045.794。气垫式调压室由气室、连接井和调压室交通洞组成。

气垫式调压室初始水面高程为1517.00m。气室断面为9.8m×15.9m（宽×高）城门洞形，长度为80m，气室底板高程1513.00m，初始水深4.0m。气室围岩以Ⅲ类为主，洞室基本稳定，采用钢筋混凝土夹钢板方式封闭气室内高压气体。气室底板高程比引水隧洞顶拱高程高3m，连接隧洞长度为27.84m，其断面为4.8m×5.2m（宽×高），在连接隧洞前端设置直径为2.0m的阻抗孔。

高压供气管和监测电缆均经堵头与气室连接。在调压室交通洞内，堵头体端头以外，设置空压机室及观测室。

金康水电站气垫式调压室临界稳定体积为5826m^3，采用稳定气体体积为8506m^3，稳定气体体积安全系数K_V=1.46。气垫式调压室设计气压P_0=4.65MPa，最大气体压力P_{max}=5.56MPa，最小气体压力P_{min}=3.97MPa。

金康电站气垫式调压室布置如图7.3-3～图7.3-6所示。

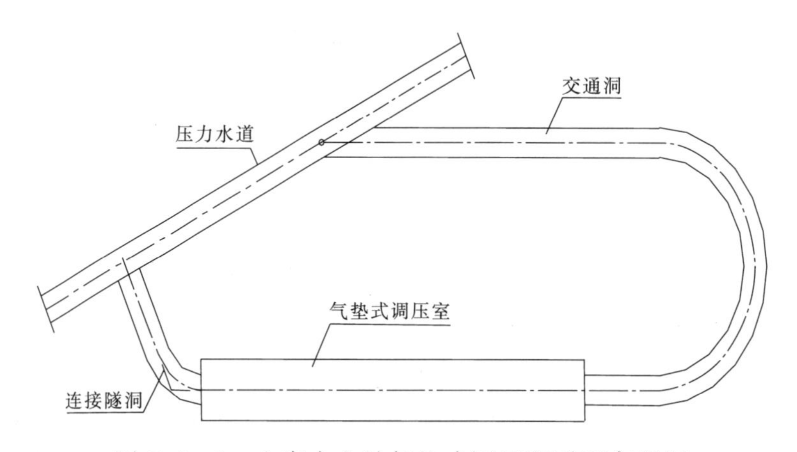

图7.3-3 金康水电站气垫式调压室平面布置图

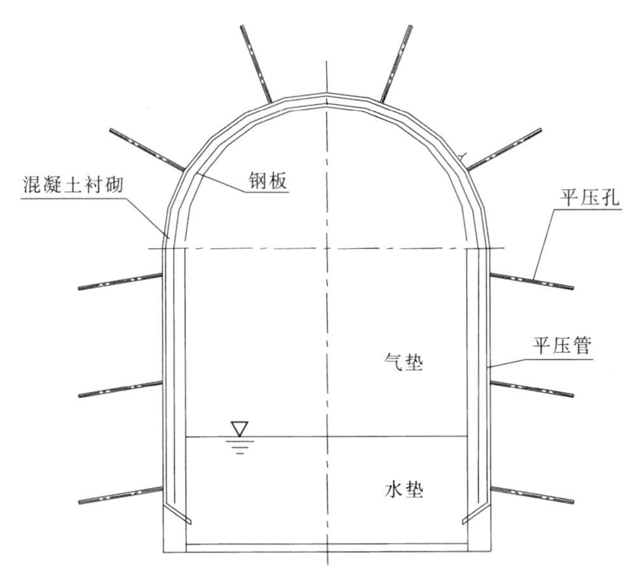

图 7.3-4 金康水电站气垫式调压室剖面布置图

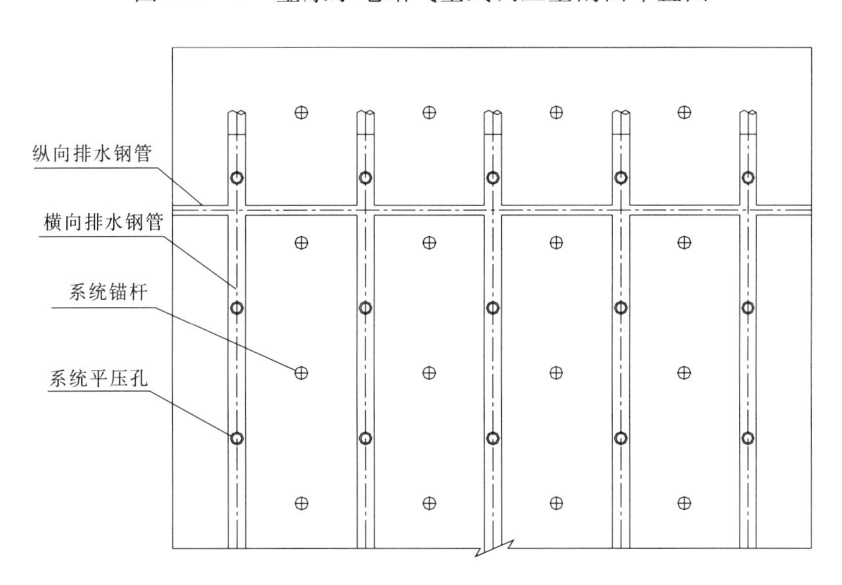

图 7.3-5 金康水电站平压孔、排水管和锚杆平面布置图

7.3.3.2 气垫式调压室结构设计

气垫式调压室由气室、连接井和调压室交通洞组成。

气室的断面面积为 $A=784\mathrm{m}^2$，宽 $B=9.8\mathrm{m}$，高 $L=15.9\mathrm{m}$，气室长度$L=80\mathrm{m}$。

气室围岩以Ⅲ类为主，洞室基本稳定，为密闭高压气体，气室内采用双层钢筋混凝土夹钢板方式支护，混凝土厚 90cm，钢板呈倒 U 形，钢板厚度为 8～10mm，材质为 Q235，内嵌在钢筋混凝土中。钢筋混凝土起固定钢板和承受机组丢弃或增负荷引起的地下水压力和气室气体压力之间的波动差压。气室

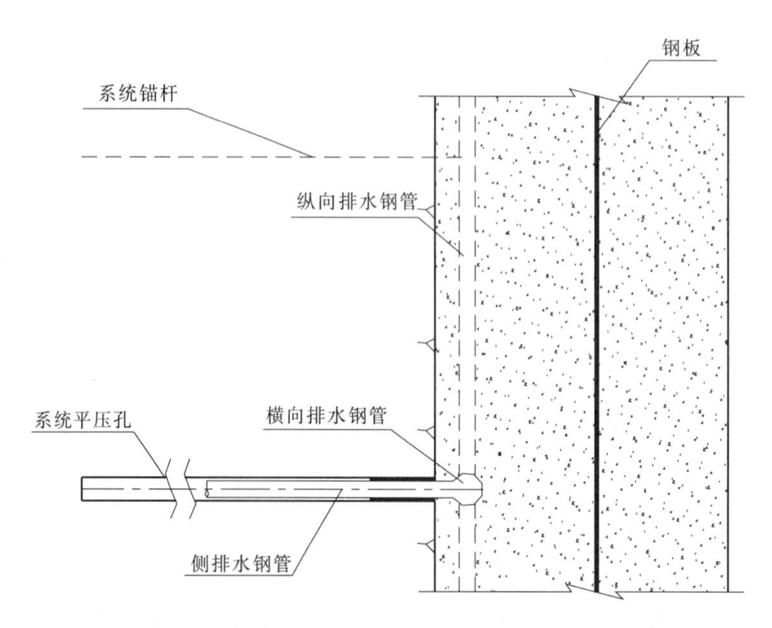

图7.3-6 金康水电站平压孔、排水管和锚杆纵剖面图

边墙、顶拱及气室两端头布置系统平压孔，深入基岩4m，排距2m，矩形布置。排水钢管伸入系统平压孔70cm，排水钢管和气室里的水垫连通。气室临时支护采用$\phi 25$，$L=4.6$m系统锚杆，间排距2m，锚杆深入基岩4.0m，锚杆外露60cm，倒弯50cm与混凝土外层钢筋绑扎在一起。

气室底板做成倾向连接隧洞的1%的斜坡，以利于调压室向水道补水通畅，在引水建筑物放空检修时也利于气室内水体的放空。

气室底板高于引水隧洞顶拱3.0m，两者间通过连接隧洞连接，连接隧洞底板为平坡。连接隧洞断面为4.8m×5.2m（宽×高），在连接隧洞前端设置直径为2.0m的阻抗孔。

调压室交通洞在施工完建后进行封堵，12号交通洞不设置检修通道，13号交通洞设置永久检修通道，用于气室检修。在12号调压室交通洞（堵头体端头以外）设置空压机室、配电室和观测室。

7.3.3.3 气垫式调压室运行

金康水电站充水、充气和放空过程监测数据显示，气室平压系统平压效果良好，气室内外压力差小于4.3m，钢板应力计、锚杆应力计和多点位移计均小于设计值。气室的漏气量约0.5～1Nm^3/min，基本达到挪威水平[8]。

7.3.4 设备选择和自动化设计

金康水电站气垫式调压室气、水及量测系统由以下几部分组成：气室充气、补气及排气系统；气室气压、水位及水压量测系统。由于金康电站气垫调压室为带钢衬设计，因此未设置水幕室及配套的供水系统、自动化元件。

7.3.4.1 气垫调压室气系统主要设备选择

气垫调压室气系统主要设备指气室充气和补气压缩空气设备。

金康电站共设置3台充气空压机（2台工作、1台备用），2台补气空压机（1台工作、1台备用）。为了尽量缩短总充气时间，补气空压机可根据需要在初期充气时作为充气空压机投入使用。

考虑尽可能地缩短气室初次充气时间以及设备可选性，配置的充、补气空压机设备参数如下。

（1）充气空压机。工作充气空压机共2台，该机为水冷式，设置有专门的水冷却供水系统。供水系统取水自气垫式调压室，经取水口粗滤、减压，并经滤水器（手动）处理后供给空压机冷却器。

单台空压机主要技术指标如下：

生产率　　$16m^3/min$

排气压力　　50bar

电机功率　　210kW

另设置备用充气空压机共1组，该机由12台风冷式空压机组成，可根据需要设置运行方式，12台空压机启动或停机时均为顺序启动或顺序停机。整机主要技术指标如下：

生产率　　$12m^3/min$

排气压力　　50bar

电机功率　　132kW

（2）补气空压机。补气空压机共2台，每台空压机由4台风冷式空压机组成，可根据需要设置1～4台机运行的方式。整机主要技术指标如下：

生产率　　$4m^3/min$

排气压力　　50bar

电机功率　　44kW

7.3.4.2 量测自动化元件设置

根据金康电站气垫式调压室气、水系统控制的要求，在气室内设置气压、水位量测系统，分别用于监测调压室气压、水位，控制补气空压机的运行、排气阀开启以及机组的事故停机保护。

（1）气压P：$P=P_{表压}$＋大气压（水库水面大气压力为8.137m），为气室气体绝对压力，单位为m水柱。为避免气室内不同部位的气压误差，取3个测点（设在调压室气室顶部）压力的算术平均值作为气压压力$P_{表压}$取值，用于空压机的控制。$P_{表压}$的连续采集采用压力变送器，共设置4个压力变送器，其中1个压力变送器信号上送计算机，不参与算术平均及控制；另设置压力开关2个，用于气室高压力报警和事故高压力报警。

（2）折算气室高度 L：$L=L_{总}-L_{水深}$，单位为m水柱，其中 $L_{总}$ 为气垫式调压室折算总高度14.925m。为避免气室内不同部位的水压差异对测量值的影响，$L_{水深}$（气压与水压差值）取3组差压测量点的算术平均值作为 $L_{水深}$ 取值，用于空压机的控制。水位的连续采集采用差压变送器，共设置3个差压变送器。

（3）PL 值：上述 P 和 L 的乘积，单位为 m^2 水柱。PL 值主要用于控制空压机的启停。

（4）排气阀：当调压室 PL 值过高或水位较低时，由电动排气阀自动排气，经减压阀减压后排至尾水渠。电动排气阀设置2个，手电两用，互为备用。

7.3.4.3　气垫调压室气系统整定值

（1）气室水深 $L_{水深}$ 的控制值。

1）工程建设完成（2台机均可投运）：

设计水深 $L_{水深0}=4.0m(P_0L_0=5045.82m^2)$	停止补气，排气阀保持关闭
低水位 $L_{水深2}=2.0m$	排气阀开启排气，报警
事故低水位报警 $L_{水深3}=1.8m$	发出紧急停机信号

（2）气室控制常数 C_T 的补气控制值。

1）工程建设初期（首台机投运）：

$C_{T0}=3157.88m^2$（$L_{水深0}=8.0m$）	设计值（停止补气）
$C_T=2924m^2$（$L_{水深0}=8.5m$）	工作补气空压机启动，提示性报警
$C_T=2784m^2$（$L_{水深0}=8.8m$）	备用补气空压机启动，警示性报警
$C_T=2691m^2$（$L_{水深0}=9.0m$）	发出紧急停机信号

2）工程建设完成（2台机均可投运）：

$C_{T0}=5045.82m^2$（$L_{水深0}=4.0m$）	设计值（停止补气）
$C_T=4856m^2$（$L_{水深0}=4.4m$）	工作补气空压机启动，提示性报警
$C_T=4761m^2$（$L_{水深0}=4.6m$）	备用补气空压机启动，警示性报警
$C_T=4666m^2$（$L_{水深0}=4.8m$）	发出紧急停机信号

（3）气室控制常数 PL 的排气控制值：

静态 $C_T \geqslant 5141m^2$ （$L_{水深0}=3.8m$） 工作排气阀开启，提示性报警
动态 $C_T \geqslant 5460m^2$ 报警，发出紧急停机信号

7.4 阴坪水电站工程

7.4.1 概述

阴坪水电站位于四川省平武县木座、木皮藏族自治乡境内，系涪江上游左岸一级支流——火溪河“一库四级”开发方案（水牛家、自一里、木座、阴坪）最下游一梯级电站，上游与木座水电站相衔接，厂址距平武县城约16km。成都—九寨沟公路从火溪河左岸通过，交通较便利。

阴坪水电站闸址位于木座乡河口下游长约0.9km的河段上，引水至下游木皮乡筛子岩一带建厂发电，电站正常蓄水位1248m，最大闸高35m，引水线路长约8.95km，设计引用流量55.0m^3/s，最大水头247.4m。电站共装机2台，单机容量50MW，总装机容量为100MW[9]。

阴坪水电站于2009年7月建成发电。

7.4.2 工程地质条件

7.4.2.1 勘探试验布置

阴坪水电站气垫式调压室主要开展了下列勘探试验：勘探平洞（1065m/5条）、钻孔（1250m/15孔，含650m/3孔长观孔）、平洞声波测试（1065m）、室内岩石物理力学性质试验（21组）、现场岩体变形试验（9组）、现场岩体和结构面大剪试验（3组）、水压致裂法地应力测试（4组）、高压压水试验（103段）、水力阶撑试验（水力劈裂试验，18段）。勘探试验布置如图7.4-1所示。

7.4.2.2 区域地质及地震概况

工程区位于扬子准地台的二级大地构造单元摩天岭台隆东部——摩天岭台穹上，地势总体呈西高东低之势，山脉走向受地质构造控制。区内山高谷深，海拔多在2200.00m～3500.00m，属中—高山区。火溪河为涪江左岸一级支流，发源于摩天岭高山草原大窝凼，于平武上游约9km的铁笼堡汇入涪江，全长114km，流域面积1494km^2。

区域除缺失寒武系上统及奥陶系地层外，出露地层主要有前震旦系地槽型火山岩—碎屑岩—碳酸盐岩和寒武系、志留系、泥盆系、石炭系地台过渡型浅变质碎屑岩、碳酸盐岩。岩浆岩以印支期花岗岩分布较广，海西期辉绿岩、晋宁期火山岩仅在局部地段零星分布。第四系松散堆积主要分布在河谷、沟谷及

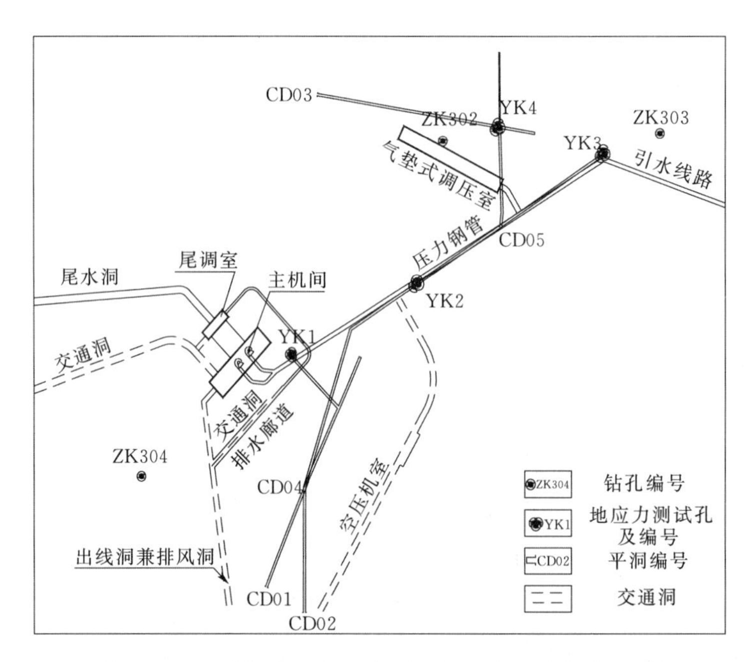

图 7.4-1 阴坪水电站气垫式调压室勘探布置图

坡脚。

在区域构造上，工程区位于北部的文县弧形构造带、西部的岷江—雪山—虎牙断裂带和东南部的龙门山断裂带所围限的楔形块体之中南部。块体内构造形迹主要受控于上述三大构造带，但后期受文县弧形构造影响均呈现向南突出的弧形弯曲。印支期南北向构造运动的强烈挤压，形成的一系列近东西向褶皱和断层构成了该区构造的基本格架。

近场区断裂活动性不明显，不具备发生强震的地震地质条件，工程区的地震危险性主要受外围强震的波及影响，据四川省地震局工程地震研究所《平武涪江火溪河梯级电站工程场地地震安全性评价报告》，厂址50年超越概率10%的地表基岩水平峰值加速度为153cm/s^2，地震基本烈度均为7度。2008年5月12日四川汶川发生8.0级特大地震后，根据中国地震动参数区划图（GB 18306—2001）第一号修改单进行复核，本工程场地位于地震动峰值加速度无变化的区域。

7.4.2.3 基本地质条件

（1）地形地貌。厂址介于大猪石沟与黎家沟之间，顺河长约1.2～1.5km，枯水期河水面高程为1028.00～1004.00m。厂址区河谷狭窄，河谷平均宽度40～80m。右岸谷坡陡峻，高程1050.00～1070.00m以下岸坡坡度为35°～50°，以上为60°～80°。山体浑厚且较完整，支沟少且切割较浅，主要支沟为厂区下游侧黎家沟。山体一般海拔标高为1300.00～1500.00m，相对高差300～

500m。阶地不发育，仅于右岸见Ⅰ级阶地，海拔高 3.00～5.00m，长 50～100m，阶面宽 30～45m。

（2）地层岩性。厂址区出露岩性为印支期似斑状二云母花岗岩，斑状结构，块状构造，岩体较完整，主要呈整体—块状结构。似斑状二云母花岗岩侵入体与围岩（前震旦系通木梁群 $P_t tm$ 地层）为焊熔接触，接触带为宽 20～50m 坚硬灰白色似层状变粒岩或变质石英砂岩。第四系堆积物主要为崩坡积物、坡残积物及冲洪积物，崩坡积物主要分布在右岸高程 1050.00～1070.00m 以下及左岸筛子岩一带，为孤块碎石夹土或孤块碎石；坡残积物分布于山脊平缓地带；冲积物主要分布于Ⅰ级阶地及现代河床中；洪积物主要分布于冲沟沟口。

（3）地质构造。厂址区位于木皮倒转复背斜核部，背斜轴向总体呈近 SN 向，花岗岩体内未发现规模较大的断层，主要以中、小断层为主，不同高程 1065.00m/4 洞共揭示 29 条小断层，最大间距大于 87m，最小间距仅 16m，发育频率为 36m/条。主要发育以下两组裂隙：①N75°W～N80°E/SW（SE）∠25°～55°，②N15°E～N30°W/SE（SW 或 NE）∠15°～65°。通过勘探揭示，与气垫式调压室的布置关系较密切主要构造带为沿压力管道掘进的 CD04 探洞揭示发育有 6 条小断层和 CD05 探洞揭示发育 1 条小断层。

（4）风化卸荷。厂址区山高坡陡，基岩裸露，岩体风化总体不强，高程 1025.00～1264.00m 平洞岩体强风化深度 0～18.5m，弱风化水平深度一般约 10～61.5m，顺小断层及长大裂隙往往发育有强—弱风化夹层，宽 20～80cm，表现为岩体呈黄褐色，性软，严重锈染。岸坡浅表部岩体以卸荷为主，岩体强卸荷水平深度 0～61.5m，弱卸荷水平深度约 40～140m，卸荷表现为沿已有结构面集中张开，一般张开宽 0.5～10cm，充填黄色次生泥（或膜）、岩屑，卸荷裂隙之间的岩体仍较紧密。

（5）水文地质条件。厂址区地下水主要为基岩裂隙水，受大气降水补给，向火溪河排泄。岩体含水性总体较差。地下水活动总体较弱，探洞多干燥—潮湿、局部渗—滴水。局部发育基岩裂隙水，揭穿后出现暂时性涌水，但很快干涸。顺断层集中出水，局部存在承压水。气垫调压室顶部地下水长观孔，经过近 4 个水文年观测，初步判定存在较统一的地下潜水位，在枯水期，地下水位缓慢下降，基本于 3～4 月降至最低，丰水期，地下水位呈缓慢上升势态。水质简分析表明，pH＝7.9～8.0，属弱碱性 HCO_3^-—Ca^{2+} 型水，厂址区河水、沟水对混凝土均无腐蚀性。

7.4.2.4 工程地质评价

（1）气室埋深与山体抗抬稳定性评价。根据设计要求，气室设计气体压力

2.48MPa，最大气体压力 3.04MPa。气垫式调压室铅直最小埋深 370m，侧向最小埋深 275m，除去强卸荷岩体最小埋深约 240m（图 7.4-2）。微新似斑状二云母花岗岩岩体的密度 $\gamma_R = 2.67 g/cm^3$，强风化、强卸荷剖面线倾角 $\alpha =$ 50°。根据气垫式调压室上覆岩体厚度应满足如下经验公式 $C_{RM} r_r \cos\alpha \geqslant h_s \gamma_w F$，计算获得临界最小埋深为 177m（$F=1$），反算得 $F=1.35$，满足气垫式调压室上覆岩体厚度要求。

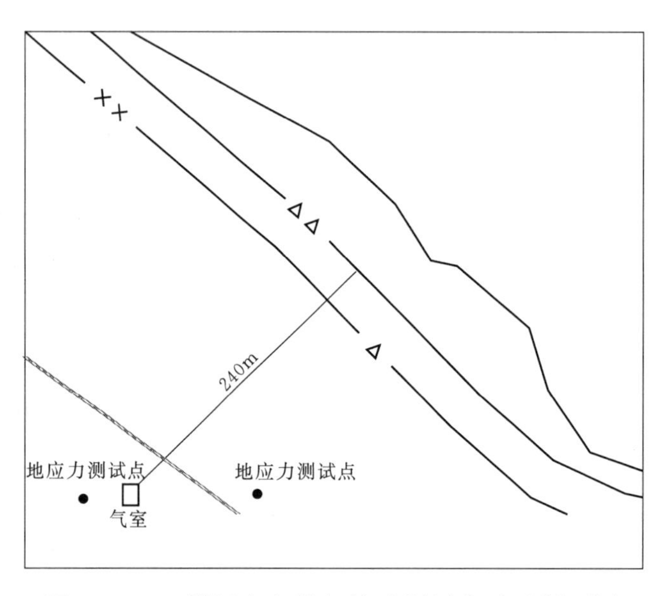

图 7.4-2　阴坪水电站气垫式调压室地质剖面图

（2）岩体地应力与围岩抗劈裂稳定评价。阴坪水电站厂址区共进行了 4 组水压致裂法地应力测试，测试成果表明 σ_1 量值为 12.72～16.36MPa，方向为 286°～325°，σ_3 量值为 5.33～7.51MPa，方向差异比较大，最大和最小主应力量值有随埋深增大而增大的趋势。按 σ_3 平均值 6.57MPa 计算，得 $\sigma_3/P_I =$ 2.16，满足挪威最小主应力（σ_3）准则要求。

为了解裂隙岩体承受高压水头作用的能力，进行水力阶撑试验。阴坪水电站在两组测点共 6 个钻孔中选择了 12 个测段进行水力阶撑试验。试段长度均为 1.0m。试验结果可以看出，除 YK3-1 孔 44.85～45.85m 段由于漏水未获得阶撑压力外，绝大多试验段阶撑压力大于 4.0MPa，仅 YK2-1 孔 18.50～19.50m 和 YK2-1 孔 15.15～16.15m 段阶撑压力较小，分别为 1.5MPa 和 2.0MPa。通过对测试段岩芯和高压压水试验结分析，发现该 2 段裂隙明显，裂面表面中等锈染，高压压水试验表明试验段上下岩体透水量都较大，说明裂隙长大，试验段附近裂隙较发育且连通性较好，因此阶撑压力较小。水力阶撑试验表明，气垫式调压室区似斑状二云母花岗岩体具有较好承受高压水头作用的能力。

(3) 岩体质量与成洞条件评价。调压室区地下水总体不很发育，探洞普遍为干燥—潮湿，局部地段为渗滴水，个别断层带呈小股状流水。根据探洞统计，调压室区岩体质量指标 RQD=85%～95%，体积节理数 Jv=1～5，完整性系数 K_V=0.73～0.78，平均值为 0.755，气垫式调压室区岩体为较完整—完整岩体。微新似斑状二云母花岗岩饱和抗压强度为 29.2～36.9MPa，平均值为 32.5MPa，为中硬岩。压致裂法地应力测试 σ_1 量值为 12.72～16.36MPa，平均值为 14.8MPa，强度应力比为 S=1.7。

据岩石强度、岩体完整性、结构面特征、地下水活动性及地应力测试成果，利用巴顿 Q 系统分类法、比尼奥斯基法（RMR）、水利水电围岩工程地质分类法对调压室区围岩进行了质量分类。调压室区微新似斑状二云母花岗岩，整体—块状结构，属Ⅲ类围岩；局部断层及裂隙发育地段为Ⅳ～Ⅴ类围岩。

影响调压室成洞条件的地质因素主要为具有一定规模的结构面（小断层、裂隙密集带等）和地应力，而主要结构面走向与最大主应力 σ_1 的方向基本一致，均为近 EW 向，二者不可完全同时兼顾。考虑到最大主应力 σ_1 量值为 12.72～16.36MPa，属中等地应力，仅由于岩石强度相对较低，强度应力比较小。为确保气垫式调压室具较好成洞条件，气垫式调压室轴线方向优先考虑主要结构面分布同时兼顾最大主应力 σ_1 方向为宜，设计结合水工布置最终确定为 N26°E（图 7.2-3）。

经勘探试验，气垫式调压室区为微新似斑状二云母花岗岩，呈整体—块状结构，围岩类别主要为Ⅲ类，局部断层及裂隙发育地段（如 f4-6、M1、f5-1）为Ⅳ～Ⅴ类。主要结构面走向与最大主应力方向基本一致，气垫式调压室布置优先考虑主要结构面分布的同时兼顾最大主应力方向，在强度应力比较小的中等地应力区布置地下洞室具备成洞条件。

(4) 岩体渗透性与围岩抗渗稳定性评价。气垫式调压室区似斑状二云母花岗岩体高压压水试验采用 1、3、5MPa 3 个压力点 5 个压力阶进行，共完成了 9 个钻孔 73 段。有 27 段漏水达不到最大试验压力，占试验总段数的 37.0%；在 1MPa 压力下，透水率一般为 5～10Lu，在不足 3MPa 压力即发生严重漏水现象。能达到最大试验压力（5MPa）有 46 段，占试验总段数 63.0%，其中 5 段透水率为 1～3Lu，占试验总段数 6.8%，23 段透水率为 0.1～1Lu，占试验总段数 31.5%，18 段透水率不大于 0.1Lu，占试验总段数 24.7%。

通过高压压水试验成果分析，气垫式调压室区似斑状二云母花岗结构面延伸长大，彼此连通性好，顺结构面特别是断层带渗透性较强。在不足 3MPa 压力即发生严重漏水现象所占比例较大，达 37.0%。单纯依靠岩体达到闭水、闭气较困难，要采取有效工程处理措施方可达到设计闭水、闭气要求。气室内部有小规模断层发育，地下水在高压下必然沿该类结构面发生渗流，渗流过程中可能带走断层带内细颗粒物质，造成局部岩体发生破坏。因此应进行必要工程处理，确保围岩抗渗稳定。

7.4.2.5 施工地质工程处理措施研究

针对气垫式调压室开挖揭示工程地质条件，进行了如下工程处理措施：①因气垫式调压室结构面相对较发育，而且延伸长大，彼此连通性较好，单纯依靠岩体达到闭水、闭气较困难，设计采用外挂钢板形成“罩”式进行闭水、闭气；②因岩体强度相对较低，强度应力比较小，开挖后及时进行系统锚杆支护并挂网喷混凝土；③对 f4-6、M1、f5-1 小断层破碎带刻槽回填混凝土，并且沿该类结构面两侧进行锁边锚杆支护；④对局部地段Ⅳ类围岩进行固结灌浆，灌浆不小于气垫式调压室运行最大气体压力；⑤对局部段顶拱片帮现象进行加密加长锚杆进行二次支护。经上述工程处理后，监测数据无异常现象，气垫调压室围岩稳定，运行状态良好。漏气量小，约为 $30Nm^3/h$，满足设计要求。

7.4.3 布置及结构设计

7.4.3.1 气垫式调压室布置

气垫式调压室位于火溪河右岸大猪石沟至黎家沟之间的山体中，气室岩体最小侧向埋深为 240m。气室调中位置为（管）0－020.495m，气室轴线方向为 N25°46′28.16″E，开挖长度为 100m。气室通过连接隧洞与压力管道连接，连接隧洞断面同引水隧洞。

气室围岩以Ⅱ、Ⅲ类为主，整体稳定性较好。气室内断面为 10.6m×16.3m（宽×高）城门洞形，长 98.6m，混凝土拱衬砌厚度 70cm。气室底板高程 1010.00m，初始水深 4.0m。

气室闭气措施采用罩式型式，闭气钢板拼焊成倒 U 形，内贴于混凝土拱表面。气室边墙、顶拱及气室两端头设置平压系统（拱间空腔＋平压孔）。

阴坪气垫式调压室临界稳定气体体积为 $9800m^3$，采用气垫式调压室气体体积为 $11662m^2$，气室稳定气体体积安全系数 K_V 为 1.19。气室设计气压 P_0＝2.47MPa，最大气体压力 P_{max}＝3.04MPa，最小气体压力 P_{min}＝2.07MPa。

阴坪水电站气垫式调压室布置如图 7.4－3～图 7.4－5 所示。

7.4.3.2 气垫式调压室结构设计

气垫式调压室围岩以Ⅱ、Ⅲ类为主，整体稳定性较好。气室位置的上覆岩体厚 240m，最小主应力为 σ_3 ＝5.37MPa，气室的最大气压 P_{max}＝3.04MPa，满足埋深、最小地应力要求。

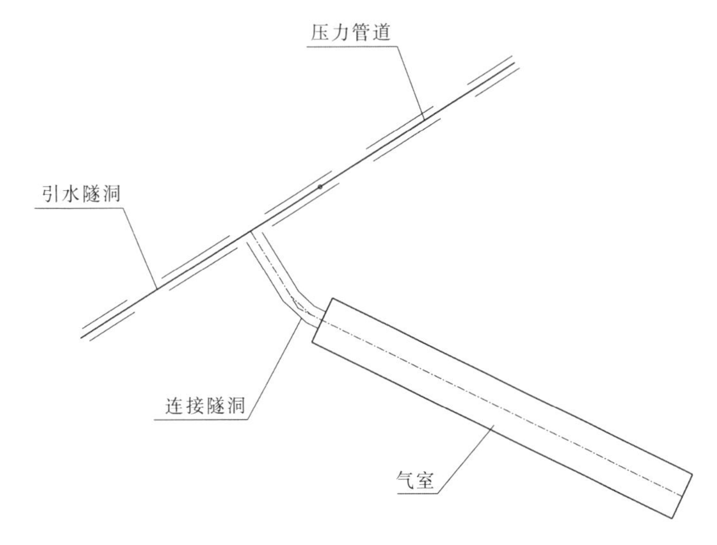

图 7.4-3 阴坪水电站气垫式调压室平面布置图

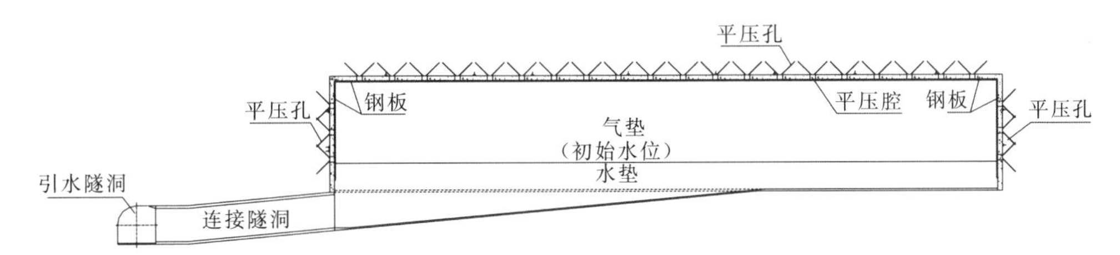

图 7.4-4 阴坪水电站气垫式调压室剖面布置图

气室一期支护参数：系统锚杆 $\phi 28$，$L=6.0$m，间排距 1.5m，锚杆深入基岩 5.0m，锚杆外露部分倒弯 40cm 与混凝土钢筋绑扎在一起；素喷混凝土，厚度为 10cm。局部稳定性较差的岩体需采取锚杆加密、加长等加强支护措施，保证岩体永久稳定。

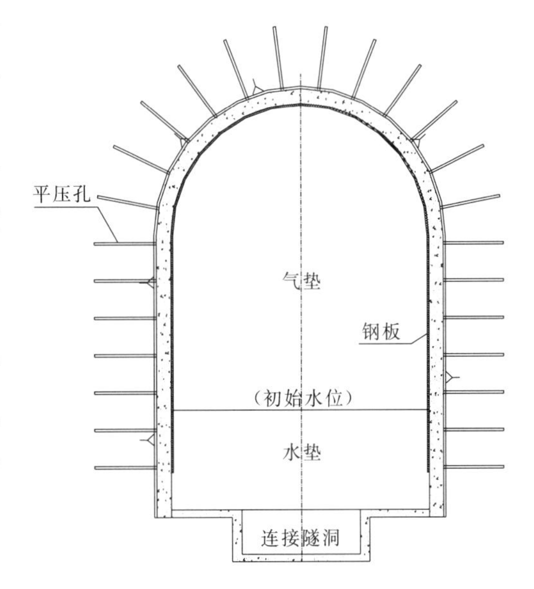

图 7.4-5 阴坪水电站气垫式调压室断面图

气室内洞壁揭示出的挤压带及断层作专门固结灌浆处理，固结灌浆孔孔深 8m，间距 2m，沿挤压带及断层走向间错布置，固结灌浆压力为 4.5MPa。

气室钢筋混凝土拱呈倒 U 形，起固定钢板用。钢筋混凝土拱宽 4.0m，厚 0.7m，拱间净距 0.8m，拱间空腔围岩内设置两排平压孔，深入基岩 4m，间距 2m，矩形布置。拱间空间和气室里的水垫连通。拱间空腔和平压孔形成平压系统。

钢筋混凝土拱用以固定钢板和承受机组丢弃和增负荷引起的地下水压力和气室气体压力之间的差压。边墙、顶拱钢筋混凝土按圆拱直墙型无底板形设计，并在边墙脚设置插筋。隧洞混凝土衬砌配筋计算按结构力学方法进行，计算考虑了两种工况：一是运行工况，荷载包括压力差值、围岩弹性抗力、衬砌自重；二是检修工况，荷载包括衬砌自重、压力差值。计算结果以第二种工况为控制工况。经计算，气室钢筋混凝土配筋情况为：受力钢筋 ϕ32@14.3，架立钢筋 ϕ25@16.7。

钢板设置于钢筋混凝土内，呈倒 U 形，内贴于混凝土表面。拱内钢板厚度为 14mm，拱间钢板厚度为 18～22mm，材质为 16MnR。对钢板焊缝"二类焊缝"的要求，超声波探伤比例提高至 100%执行。

气室底板高于引水隧洞顶拱 2.2m，两者间通过连接隧洞连接，连接隧洞兼作施工和检修通道，连接隧洞断面为 5.7m×5.75m（宽×高）。

7.4.3.3 气垫式调压室运行

阴坪水电站运行过程中，气室交通洞内表观基本无漏水、漏气现象，气垫式调压室气室漏气量约为 $3Nm^3/min$。

7.4.4 设备选择和自动化设计

阴坪电站气垫式调压室气、水及量测系统由以下几部分组成：气室充气、补气及排气系统；气室气压、水位及水压量测系统。

7.4.4.1 气系统主要设备选择

气室气系统主要设备包括气室充气和补气压缩空气设备。

阴坪电站设置 2 台充气空压机（2 台同时工作），2 套补气用空压机系统（每套含 1 台低压空压机和 1 台增压空压机；1 套工作、1 套备用）。

阴坪电站气室设计气压 P_0=2.47MPa，设计气体体积 $V=11662m^3$，设置的充、补气空压机设备参数如下。

（1）充气空压机。工作充气空压机 2 台，水冷式，设置有专门的水冷却供水系统。供水系统取水自火溪河，经取水口粗滤、减压，并经滤水器（手动）处理后供给空压机冷却器。

单台充气空压机主要技术指标如下：

生产率	$15m^3/min$
排气压力	40bar
电机功率	160kW

（2）补气空压机。补气空压机共设置 2 组，每组空压机由 1 台低压空压机和 1 台增压空压机组成。整机主要技术指标如下：

低压空压机：

生产率　　$5.78m^3/min$

排气压力　　10bar

电机功率　　37kW

增压空压机：

生产率　　$5.16m^3/min$

排气压力　　40bar

电机功率　　18.5kW

（3）排气装置。当调压室 C_T 值过高或水位较低时，由电动排气阀自动排气，经减压阀减压后排至交通洞外。电动排气阀设置 2 个，手电两用，互为备用。

7.4.4.2　量测自动化元件设置

（1）气压测量。测量元件采用压力变送器，测点设在调压室气室顶部，测压管引出后接至压力变送器。共设 3 个压力变送器和一个压力表，其中 3 个压力变送器压力信号的算术平均值用于空压机的控制。

（2）水深测量。测量元件采用差压变送器。设置 3 个差压变送器，取 3 组差压测量信号的算术平均值作为水深值，用于气系统设备的控制。

7.4.4.3　设备控制阈值

（1）气室控制常数 C_T：

$C_{T0}=2711.2\ m^2$（$L_{s0}=4.0m$）　　设计值（停止补气）

$C_T=2408\ m^2$　　工作补气空压机启动并提示性报警

$C_T=2282\ m^2$　　备用补气空压机启动并警示性报警

$C_T=2180\ m^2$　　发出紧急停机信号

$C_T=2900m^2$　　工作排气阀开启，提示性报警

$C_T=2960m^2$　　备用排气阀开启，警示性报警

$C_T=2980m^2$　　发出紧急停机信号

（2）室内水深 L_s：

$L_s=L_{s0}=4.0m$（$C_{T0}=2711.2m^2$）　　停止补气，排气阀保持关闭

$L_s=2.2m$　　工作排气阀开启排气，提示性报警

$L_s=2.0m$　　备用排气阀开启排气，警示性报警

$L_s=1.8m$　　发出紧急停机信号

从2000年我国第一个采用气垫式调压室的大干沟水电站建成发电，到2004年亚洲第一个利用围岩承担内压地下气垫式调压室的自一里水电站建成发电，气垫室调压室在我国的应用工程案例仍然不是很多，对其的技术研究和总结还在不断地进行中。

第8章 发展与展望

自20世纪70年代以来，气垫式调压室在挪威开始应用于水头高、引用流量小、引水系统沿线地质条件好的水电站。我国于20世纪90年代开始在有条件的水电站采用气垫式调压室。气室内气体防渗效果的好坏是气垫式调压室成功与否的关键。通过“学习—实践—总结—创新”，建成了适用于不同工程特点不同防渗型式的气垫式调压室。

世界上第一座采用气垫式调压室的水电站——Driva电站于1973年在挪威建成发电。该电站利用水头570.00m，至今已有超过40年成功运行的实践经验。目前，在挪威已有10余座水电站采用气垫式调压室，积累了丰富的勘测、设计、施工、运行、管理等方面的经验。

青海省大干沟水电站气垫式调压室采用“钢包”闭气，于2000年7月建成投入运行发电，是我国第一个采用气垫式调压室并投入运行的水电站。

通过咨询挪威专家，采用超压“水幕”闭气方式的气垫式调压室，在中国四川建成了自一里和小天都水电站。两个电站运行过程反映出气室漏气量比挪威已建的“水幕”气垫式调压室大了很多，同时，随着时间的推移，这种漏气量有增大的可能。“水幕”气垫式调压室水电站的经济性和可靠性均不及其在挪威应用优越。

根据自一里、小天都水电站的设计、建设、运行经验，结合金康水电站厂区地质条件较差的实际情况，成都院创造性地设计了“钢罩”气垫式调压室。采用“钢罩”气垫式调压室的金康、木座、阴坪水电站充水、充气和放空过程监测数据显示，气室平压系统平压效果良好，钢板应力计、锚杆应力计和多点位移计均小于设计值，气室的漏气量基本达到挪威水平。“钢罩”气垫式调压室对围岩要求较“水幕”气垫式调压室低，符合国内目前的施工、检测水平。“钢罩”气垫式调压室由围岩承担内水压力，与“钢包”气垫式调压室比较，可适用于较高水头的水电站。“钢罩”气垫式调压室可较大范围的推广。成都院在2009年获得“罩式气垫式调压室”发明专利。

2009年建成的阴坪水电站将“钢罩”气垫式调压室的闭气钢板设置在钢筋混凝土外临气垫侧，钢板兼做施工期混凝土浇筑模板，方便了气垫式调压室施工和“钢罩”检修。目前正在建设的龙洞、民治电站均采用这种“钢罩”气垫式调压室。

从1973年世界第一座采用气垫式调压室的水电站——Driva电站在挪威建成发电，到2000年我国第一个采用气垫式调压室的大干沟水电站建成发电，到2004年亚洲第一个利用围岩承担内压地下气垫式调压室的自一里水电站建成发电，到2005年小天都水电站建成发电，到2006年世界第一个利用“钢罩”闭气、平压系统平衡内外水压地下气垫式调压室的金康水电站建成发电，我们经历了“学习—实践—总结—创新”的过程。

气垫式调压室的创新与发展，需要围绕使工程建设费用更低，施工方便、快捷，运行期闭气效果好、结构稳定、检修方便等问题进行思考和展开，下一步的研究方向有：取消“钢罩”气垫式调压室的闭气钢板，在钢筋混凝土外临气垫侧涂刷高分子闭气材料；考虑采用圆形断面“钢罩”气垫式调压室，闭气钢衬承担负荷变化时的内外压差，钢衬与岩壁间回填素混凝土；在岩壁敷设软式排水管取代“钢罩”气垫式调压室的平压系统等。

在日益提倡建设环境友好型工程的今天，适用于不同工程特点，不同防渗型式的气垫式调压室有着广阔的应用前景。

参 考 文 献

[1] 刘德有，张健，索丽生．气垫式调压室研究进展［J］．水电能源科学，2000，18（4）：1-5.

[2] 马吉明，黄子平．气垫式调压室及其工程实践［J］．水利水电技术，1999（30）38-42.

[3] 中国水电顾问集团成都勘测设计研究院．水电站气垫式调压室关键技术及应用研究项目总报告［R］．2007.

[4] 国家电力公司成都勘测设计研究院．四川火溪河开发一期工程自一里水电站气垫式调压室设计研究专题报告［R］．2003.

[5] 陈绍英，陈子海．亚洲第一个地下气垫式调压室的应用［J］．四川水力发电，2011，30（3）：95-98.

[6] 国家电力公司成都勘测设计研究院．四川甘孜州瓦斯河二期工程小天都水电站引水系统专题研究报告［R］．2003.

[7] 中国水电顾问集团成都勘测设计研究院．四川省甘孜州金汤河金康水电站气垫式调压室专题研究报告［R］．2005.

[8] 陈子海．气垫式调压室的应用与展望［C］//．企业技术创新探索与实践——中国水电顾问集团公司2011年青年技术论坛论文集．2012，200-205.

[9] 中国水电顾问集团成都勘测设计研究院．四川涪江火溪河阴坪水电站气垫式调压室专题研究报告［R］．2005.

[10] 郭啟良，安其美，赵仕广，等．浅谈水压致裂应力测量资料的解释与分析［C］．地壳构造与地壳应力文集，地震出版社，1996：103-113.

[11] 施裕兵，许明轩，曾联明．自一里水电站气垫式调压室工程地质研究方法［J］．水电站设计，2004，20（2）：81-84.

[12] 施裕兵．引水式水电站气垫式调压室工程地质评价［D］．成都理工大学，2011.

[13] 梁杏，钟嘉高，施裕兵，孙蓉琳，杨建．四川自一里水电站气垫式调压室围岩渗透性评价［J］．地球科学，2006（3）：417-422.

[14] 冷鸿斌．小天都水电站气垫式调压室工程地质条件研究［J］．水力发电，2005，31（1）：22-23.

[15] 蔡仁龙，冷鸿斌．小天都水电站气垫式调压室工程地质勘察研究［J］．中国水能及电气化，2015（11）：66-70.

[16] 刘允芳．水压致裂法三维应力测量［J］．岩石力学与工程学报，1991，10（3）：40-50.